Vue.js 前端开发基础与实战教程

主　编　张书波　袁章洁　刘　杰　曹小平

副主编　黄庆斌　李宗伟　王昌正　罗　娜

龙　平　刘开芬

参　编　刘　洋　高东山　陈　栋（企业老师）

西南交通大学出版社

·成都·

图书在版编目（CIP）数据

Vue. js 前端开发基础与实战教程 / 张书波等主编.
成都：西南交通大学出版社，2024. 8. -- ISBN 978-7
-5774-0018-1
Ⅰ. TP393. 092. 2
中国国家版本馆 CIP 数据核字第 2024YU9546 号

Vue. js Qianduan Kaifa Jichu yu Shizhan Jiaocheng
Vue. js 前端开发基础与实战教程

主　编　张书波　袁章洁　刘　杰　曹小平

策划编辑 / 黄庆斌　孟秀芝
责任编辑 / 穆　丰
封面设计 / 墨创文化

西南交通大学出版社出版发行
（四川省成都市金牛区二环路北一段 111 号西南交通大学创新大厦 21 楼　610031）
营销部电话：028-87600564　　028-87600533
网址：http://www.xnjdcbs.com
印刷：郫县犀浦印刷厂

成品尺寸　185 mm × 260 mm
印张　13　　字数　376 千
版次　2024 年 8 月第 1 版　　印次　2024 年 8 月第 1 次

书号　ISBN 978-7-5774-0018-1
定价　39.80 元

课件咨询电话：028-81435775

前　言

Vue 是一套用于构建用户界面的渐进式框架。与其他大型框架不同的是，Vue 被设计为可以自底向上逐层应用。Vue 的核心库只关注视图层，不仅易于上手，还便于与第三方库或既有项目整合。Vue 也完全能够为复杂的单页应用提供驱动。

Vue.js 作为一个用于构建用户界面的 JavaScript 框架，通过提供一系列高效的工具和模式，极大地简化了前端开发的复杂性，帮助开发者构建出高性能且易于维护的 Web（World Wide Web，全球信息网）应用，如电子商务、社交媒体平台、新闻网站、博客和论坛等都可以用它来实现前端交互，其发展前景非常广阔。

本书特点

（1）本书在编写过程中注重思政元素的融入，旨在激发学生对专业的热爱，培养学生团队协作能力、细心耐心、领导与管理能力，坚定自己的专业发展方向，深入理解科技强国的重要性，为实现中华民族伟大复兴而努力学习。

（2）本书面向有一定 Web 前端（HTML5+CSS3+JavaScript）基础的学习人群，讲解如何应用这些知识并结合应用项目开发实现前端页面数据交互。

（3）参与本书编写的作者都是具有多年教学经验和实际项目开发经验的老师，他们把平时教学过程中总结的经验和开发中遇到的问题进行整理，结合高校前端框架技术教学重难点，在以实践内容为主的前提下，通过研讨后形成了本书的编写思路，并经过反复讨论完成本书的编写，以满足教学和开发人员参考需要。

（4）本书按照“知识讲解+动手实践+阶段案例+课后练习”的方式，对每个项目的知识点进行叙述，旨在提升学生的基础理论知识和动手解决问题的能力。

（5）本书是围绕综合项目来进行知识点设计的，实现了一个模拟购物车项目的设计制作。本书最后一个项目讲解了 vue 开发环境相关知识，供学有余力的同学提升综合项目开发能力。

本书内容安排

本书共有七个项目，分别为认识 Vue 与环境配置、商品信息管理、优化商品信息管理项目、商城项目搭建、状态管理、服务器渲染、Vue 开发环境介绍，按照 64 学时进行设计。

致谢

本书的编写工作由张书波统筹规划，整理和校稿工作由西南交通大学出版社黄庆斌老师完成。具体分工为：张书波完成项目五、项目六的编写和整本书的统稿和校稿；袁章洁完成项目一、项目三的编写；刘杰完成项目二、项目四的编写；项目七由张书波、曹小平、李宗伟、王昌正、罗娜、龙平、刘开芬、高东山、刘洋、陈栋等共同参与编写。本书的所有作者都参与了本书大纲的制定、项目的研讨工作。全体成员在一年多的编写过程中付出了很多心血，在此一并表示衷心的感谢。

意见反馈

尽管我们在编写过程中力求完美，但疏漏与不足之处仍在所难免，欢迎各界专家和读者朋友们给予宝贵的意见，我们将不胜感激。您在阅读本书时，如发现有任何问题或不足之处可以通过电子邮件与我们取得联系。如果你在使用本书中需要一些资源也可以通过 QQ 邮箱与我联系。

问题建议或资源获取请发送 QQ 邮件：402912137@qq.com。

编　者

2024 年 3 月

目　录

项目一　认识 Vue 与环境配置

【项目简介】

Vue 是一款易学易用、性能出色、优点突出、灵活高效、适用场景丰富的 Web 前端框架。它基于标准 HTML、CSS 和 JavaScript 构建，并提供了一套声明式的、组件化的编程模型，帮助开发者高效地开发用户界面。无论是简单的还是复杂的界面，Vue 都可以胜任。学习 Vue 之前，需要读者对 HTML、CSS 和 JavaScript 等前端语言有一定掌握。

Vue 开发团队于 2014 年发布了 Vue 的第一个正式版本 V0.8.0，现在已经更新到 V3.2.X 版本。鉴于当前市场中大量的应用开发版本主要为 V2 系列，本书将以较新的 V2.7.X 版本进行讲解。

本项目作为 Vue 学习的入门，主要内容是 Vue 的基础知识和 Vue 开发准备工作（相关的开发工具、环境安装安装），通过本项目的学习，可以实现第一个 Vue 页面的创建。

【知识梳理】

Vue 的核心包括两个方面，一是通过数据双向绑定实现了视图随数据改变而改变，二是组件化的开发可以快速构建项目。Vue 开发工具包括编译器、浏览器插件、打包工具等。Vue 开发环境可以通过<script>直接引入、下载使用、创建 Vue 项目三种方式实现。

【学习目标】

（1）认识 Vue 并掌握 Vue 框架的核心设计思路。

（2）掌握 Vue 开发工具的安装。

（3）掌握 Vue 开发环境的搭建。

（4）了解 Vue 项目创建的方法。

【思政导入】

学习一门计算机语言，首先要了解该语言的发展历程和背景，其次要了解当前市场应用的主流版本，最后要展望其未来发展趋势，从而培养学生用动态的观点认识事物的思维方式。工欲善其事，必先利其器这句古语告诉我们，想要做好一件事，准备工作非常重要。因此，为了更好的学习 Vue，必须有效地完成开发工具的安装和开发环境的配置学习。

【能解决的问题】

（1）能够了解 Vue 的发展历程。

（2）能够掌握 Vue 的特点与优势。

（3）能够完成 Vue 开发工具的配置。

（4）能够完成 Vue 开发环境的配置。

（5）能够创建一个简单的 Vue 页面。

模块一　Vue.js 基础知识

任务一　初识 Vue.js

一、什么是 Vue.js

Vue 是由尤雨溪（Evan You）带领团队构建的一款前端框架。该团队在 2014 年左右发布了 Vue 的第一个正式版本 V0.8.0，经过不断地更新维护、性能优化，于 2020 年 9 月发布了 V3.0.0 版本，当前最新版本为 V3.2.X，目前市场应用主流版本为 V2.7.X。Vue 是一个框架，也是一个生态，其功能覆盖了大部分前端开发常见的需求，开发者可以根据不同的需求场景，以不同的方式使用 Vue。Vue 与 React、Angular 一同作为当前流行的前端开发三大框架，框架设计和应用具有诸多的优点，深受众多前端开发人员喜欢。Vue 图标如图 1-1 所示。

图 1-1　Vue 图标

二、Vue.js 学习资料的获取

学习一门语言，需要查阅该语言的技术手册，可以更好帮助我们掌握它。作为 Vue 的初学者，我们需要知道 Vue 的技术手册可以通过什么途径可以查阅。Vue 的主网站（https://cn.vuejs.org/）为广大学习者提供了不同版本的互动式开发手册，还提供了在线练习的演练场，可以更好地帮助我们学习掌握 Vue，如图 1-2 所示。

图 1-2　Vue 主页截图

任务二　通过 Vue.js 认识 MVVM 模式

MVVM 为 Model-View-ViewModel 的简写，是一种视图与逻辑分离开发的软件设计模式。为了更好地理解它，我们首先来认识它的三个层次——模型层（Model）、视图层（View）、视图模型层（ViewModel）的具体含义。

模型层：对应数据层，代表 Web 项目所需要的数据模型，包含大量数据信息，不具有任何行为逻辑，因此不会被展示出来。

视图层：作为视图模板存在。在 MVVM 里，整个 View 是一个动态模板，不负责处理状态，也不负责自身的展示，主要功能是数据绑定的声明、指令的声明、事件绑定的声明等，用于展示 ViewModel 层的数据和状态。

视图模型层：作为 View 和 Model 的沟通桥梁，负责实现二者之间的通信。其将 Model 中的数据通过处理 View 的具体业务逻辑来实现展示，通过监听与绑定来实现数据交互和实时更新，让 Model 和 View 实现同步，不管谁变化都会引起另一层同步更新变化。

MVVM 以“视图和数据分离，数据双向绑定”的思想为核心，View 与 Model 没有直接联系，数据的变化通过 ViewModel 进行交互和双向绑定，具体关系如图 1-3 所示。MVVM 模式具有低耦合、可重复性、独立开发、可以测试等优点，因此 Vue.js、React.js、Angular.js 等框架都使用了这种设计模式。

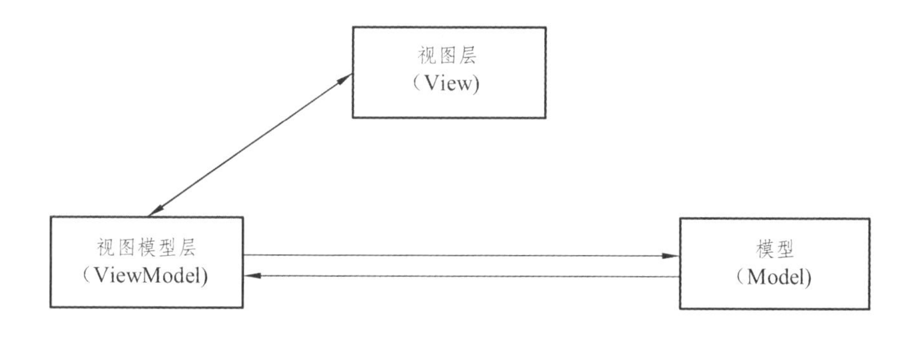

图 1-3　MVVM 模式示意图

Vue.js 框架在设计上使用 MVVM 模式，专注于 View，形成了以 MVVM 模型为基础的双向数据绑定的 JavaScript 框架。那么 MVVM 的三层在 Vue.js 中扮演什么样的角色呢？首先，View 用来呈现页面的 HTML 内容部分，表示 HTML 中能操作的 DOM 元素。其次，Model 用于保存渲染到页面的数据，作为 js 的对象存在。ViewModel 用来创建 Vue 实例，作为视图和数据的沟通桥梁。具体关系如图 1-4 所示。

Vue 通过数据的双向绑定以及与用户的交互，监控状态和数据的变化，实现了视图与数据的同步更新。图 1-5 中，DOM Listeners 是 DOM 的监视器，监测页面中 DOM 元素是否变化，如果涉及数据变化，则会通过 ViewModel 来实现对 Model 的数据更改。Data Bindings 是数据绑定工具，当 Model 数据发生变更时，Data Bindings 则会更新页面中的 DOM 元素。

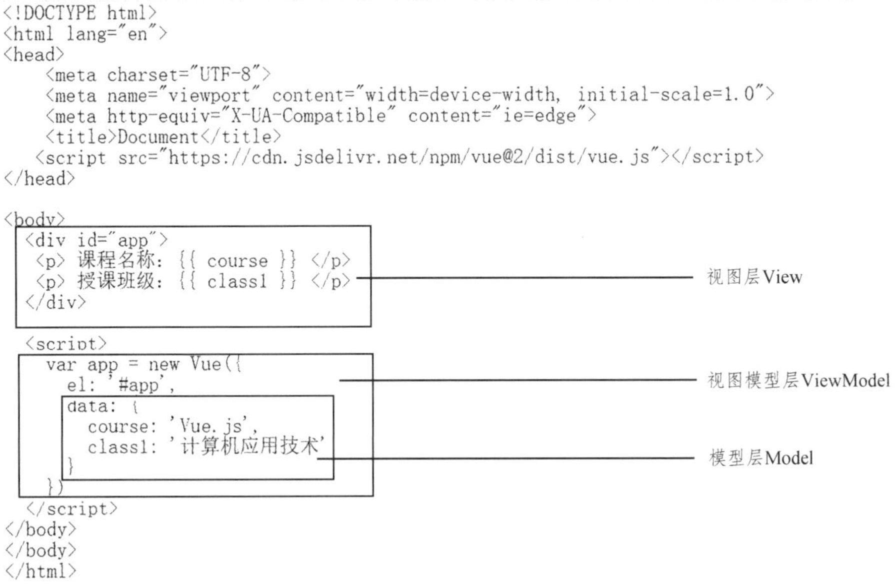

```
<!DOCTYPE html>
<html lang="en">
<head>
    <meta charset="UTF-8">
    <meta name="viewport" content="width=device-width, initial-scale=1.0">
    <meta http-equiv="X-UA-Compatible" content="ie=edge">
    <title>Document</title>
   <script src="https://cdn.jsdelivr.net/npm/vue@2/dist/vue.js"></script>
</head>

<body>
  <div id="app">
   <p> 课程名称: {{ course }} </p>
   <p> 授课班级: {{ class1 }} </p>            —— 视图层View
  </div>
  <script>
    var app = new Vue({
      el: '#app',                              —— 视图模型层ViewModel
      data: {
        course: 'Vue.js',
        class1: '计算机应用技术'                  —— 模型层Model
      }
    })
  </script>
</body>
</body>
</html>
```

图 1-4　MVVM 关系示意图

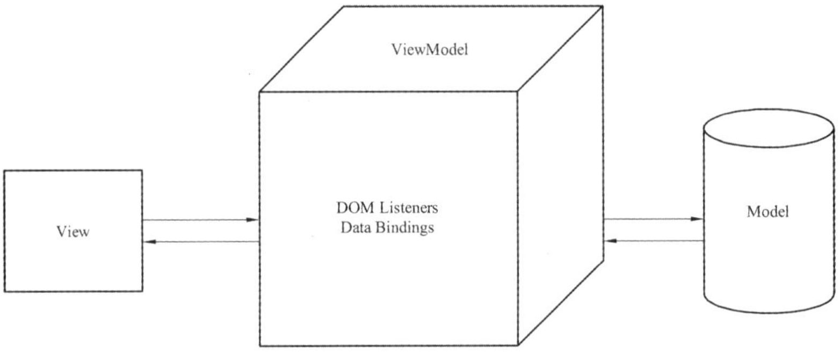

ViewModel

View

DOM Listeners
Data Bindings

Model

图 1-5　Vue 工作原理图

任务三　认识 Vue.js 的优势

一、轻量高效

Vue 是一款轻量级的框架，其压缩后的大小只有几十千字节（KB）。Vue 的 API（应用程序接口）非常简洁，采用组件化开发，运行速度快，并且相对其他框架操作虚拟 DOM 的速度更快。

二、组件化开发

组件（Component）是 Vue 框架的特色之一。组件思维是把一个页面或系统的复杂处理逻辑拆分成各个小的模块，各模块关系和功能相对独立，便于开发设计和维护管理。组件是可复用的 Vue 实例，我们可以使用不同的组件来构建应用，应用的任意页面或部分也可以作为一个组件。组件化开发可以快速地构建前端项目，功能组件代码可以重复使用，不但可以提高项目开发的效率，而且便于后期维护。

三、数据双向绑定

Vue 的核心是 MVVM 模式，视图模型（ViewModel）作为枢纽实现了视图（View）和模型（Model）的双向绑定，即视图数据的变化会自动同步到枢纽的视图模型中并由其处理相应逻辑，最后同步到模型中，同理可知模型中数据的变化也会同步到视图中。数据的双向绑定大大减少了 DOM 操作和资源占用，提高了视图和数据的交互效率。

四、虚拟 DOM

DOM 即文档对象模型（Document Object Model），是一种处理 HTML 和 XML 文件的标准 API，提供了整个文档的访问模型。虚拟 DOM 是一种 JavaScript 预处理技术，即将当前的 HTML 文本转化为 JavaScript 文件并复制，对于任何页面的修改，都将当前 JavaScript 文件与上次复制的 JavaScript 文件进行对比，更新修改部分并同步到真实的 DOM 中。虚拟 DOM 技术减少了对实际 DOM 的操作次数，提高了性能和渲染效率。

模块二　Vue 开发准备工作

任务一　安装 Vue 开发工具

一、开发工具 Visual Studio Code 安装

Visual Studio Code（VS Code）是由微软公司于 2015 年推出的一款免费、轻量、跨平台、开源的编辑器。该编辑器为广大开发使用者提供了丰富的插件市场，支持开发使用者发布插件和下载使用插件，比如后面我们提到的简体中文插件，实现了编辑器语言的中文化。此外，该编辑器还支持多种语言和文件格式的编写，根据官网最新消息显示，支持 JavaScript、Python、Java、PHP、C++、SQL 等近 40 种语言。Visual Studio Code 网站如图 1-6 所示。

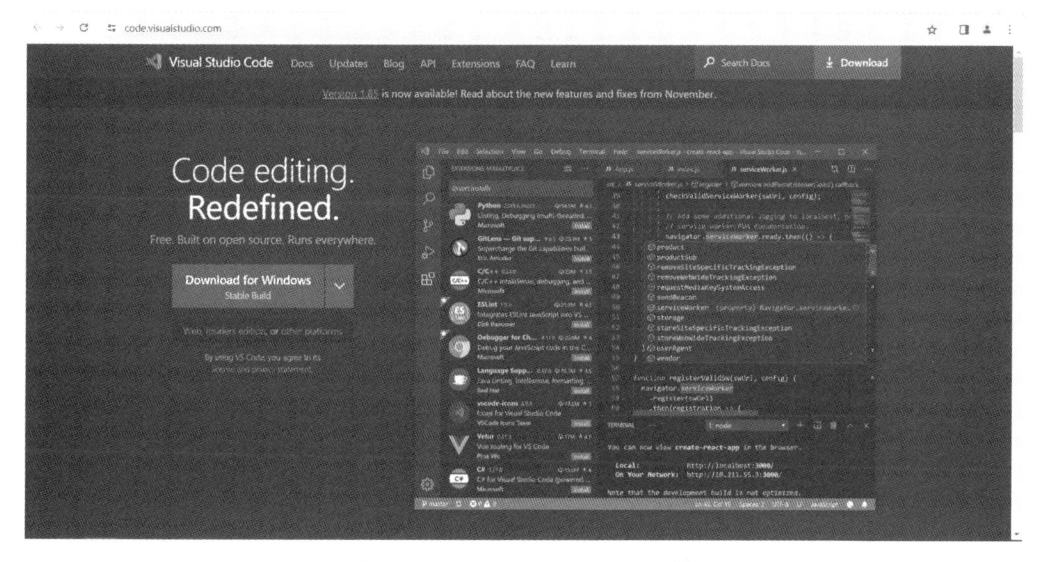

图 1-6　Visual Studio Code 网站

进入 VS Code 的官方网站，图中所示版本为 Version 1.85，根据当前计算机系统版本选择下载安装包文件，如图 1-7 所示。本次以 64 位 Windows 10 系统为例，选择 System Installer x64 安装文件，下载后直接运行安装程序，安装到非 C 盘的路径下，安装完成后运行程序。

运行程序点击图 1-8 中的标记 1 处进入插件市场，在标记 2 处输入“chinese”，然后点击标记 3 处的“Install”进行简体中文插件安装，安装完成后退出程序，重新进入后将看到程序的相关文字变成了中文。

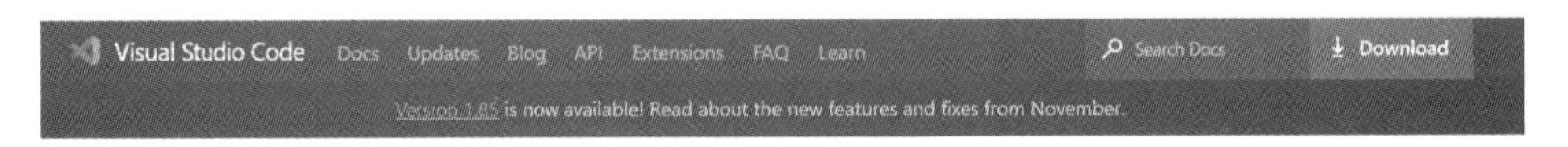

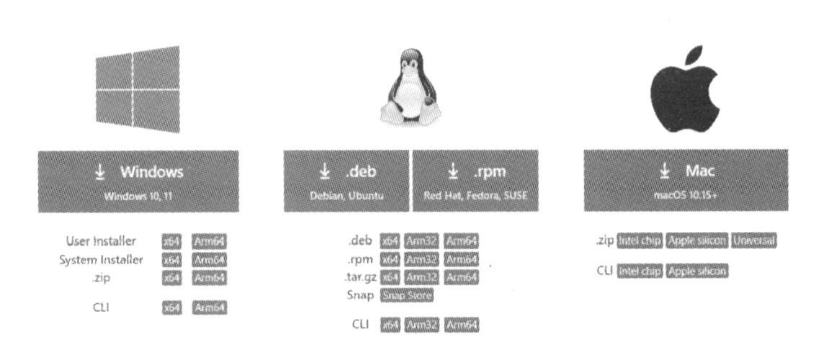

图 1-7　Visual Studio Code 下载界面

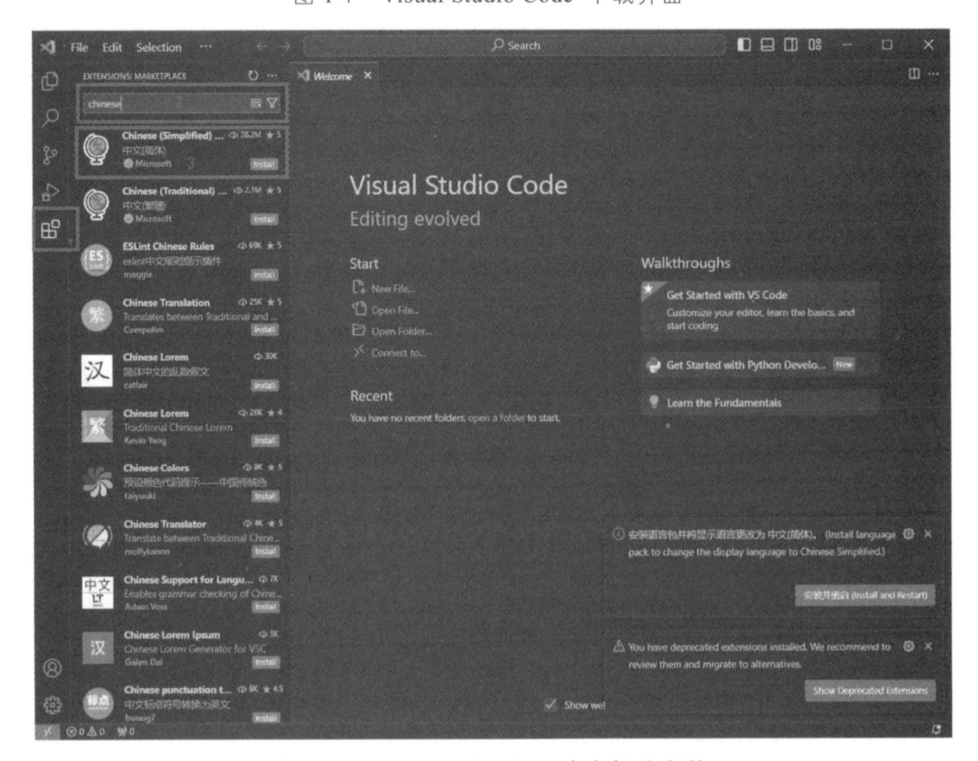

图 1-8　Visual Studio Code 中文插件安装

二、Node.js 环境安装

Node.js 是一个基于 Chrome V8 引擎的 JavaScript 运行环境，它可以使 JavaScript 脱离浏览器运行在服务器端。作为后端，Node.js 可以为 Vue 提供数据接口服务，通常与 Vue 一起搭配使用，构建一个完整的 web 项目。此外，Node.js 还提供了一些便于 Vue 开发的工具和技术，可以帮助 Vue 实现项目自动化构建、代码打包、热加载等操作。Node.js 下载界面如图 1-9 所示。

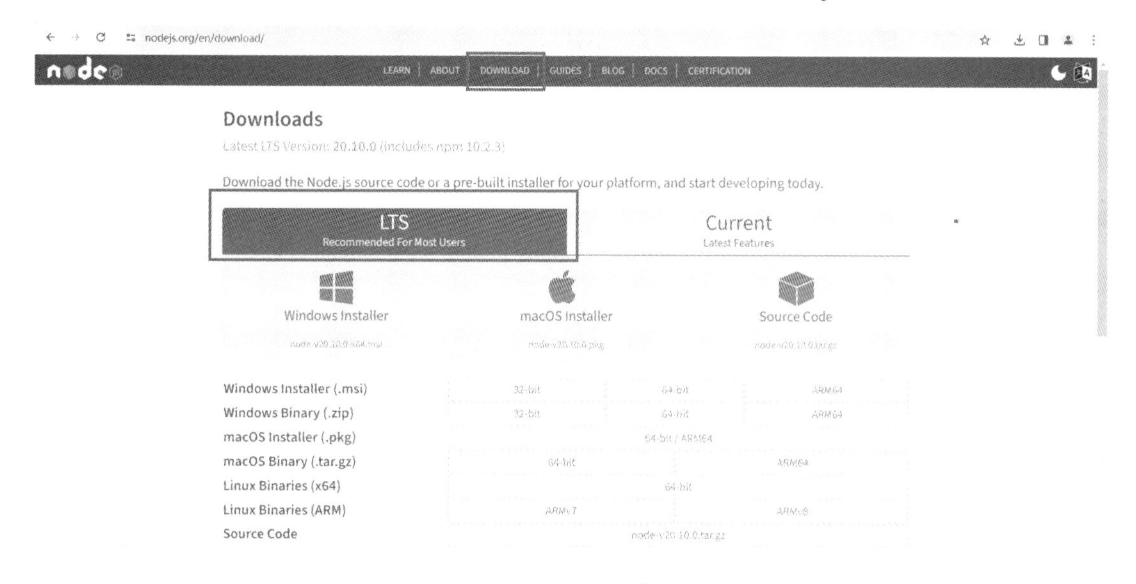

图 1-9　Node.js 下载界面

进入 Node.js 的官方网站，点击菜单栏中的 DOWNLOAD 进入下载安装界面，如图 1-9 所示。Node.js 下载界面显示有两种版本，分别是稳定版本 LTS 和最新版本 Current。其中，LTS 是提供长期支持的版本，后续只需进行细微 bug 修复，为官方推荐的主要版本，图中版本号为 V20.10.0。而最新版本 Current 是最近发布的，增加了相应的新功能特性，适合体验新技术的开发者使用，图中版本号为 V21.5.0。推荐大家根据当前计算机系统版本选择稳定版本 LTS 进行安装，安装完成后界面如图 1-10 所示。

图 1-10　Node.js 安装完成

Node.js 在安装过程中会自动安装 NPM（Node.js Package Manager，打包工具）并写入环境变量，在安装成功后可以通过进入命令行工具（CMD）来查看安装的 Node.js 和 NPM 的版本号，代码为 node-v 和 npm-v，运行结果如图 1-11 所示，代表 Node.js 安装成功。NPM 是一个 Node.js 的包管理工具，用于 Node 插件管理，用户可以从 NPM 服务器下载第三方分享的命令程序和包到本地使用，也支持用户上传编写的命令程序分享给他人使用。

图 1-11　Node 版本查看

三、Microsoft Edge 浏览器 Vue 插件安装

浏览器是开发和调试 Web 项目的主要工具之一。在众多浏览器中，微软官方 Microsoft Edge 浏览器是当前主流使用的浏览器之一，因此本次插件的安装将以 Microsoft Edge 浏览器为例进行讲解，其他浏览器也可参照安装。Vue.js devtools 是一款基于 Microsoft Edge 浏览器的 Vue 调试应用插件，支持开发者查看完整的 Vue 组件层次结构信息、组件渲染的性能数据信息、组件之间的事件传递信息等，也可以方便开发者找到各个页面的 Vue.js 文件。

在 Microsoft Edge 浏览器上安装 Vue.js devtools 是非常方便的。首先进入浏览器后按“ALT+F”快捷键进入设置及其他选项，找到扩展，进入 Microsoft Edge 扩展商店，在搜索框中输入“Vue.js devtools”，然后找到对应插件进行安装，如图 1-12 所示。安装完成后在打开 Vue.js 文件时，可以通过右键检查，找到 VUE，即可查看当前 Vue.js 文件的相关信息，如图 1-13 所示。

图 1-12　Vue.js devtools 安装

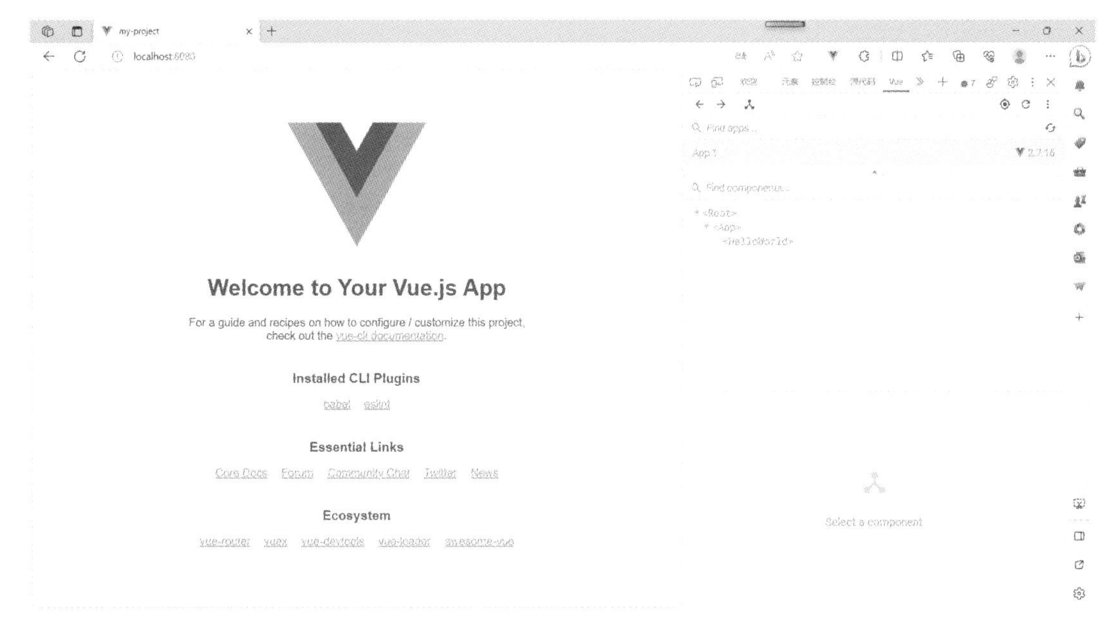

图 1-13 Vue.js devtools 使用

四、Vue CLI 命令行工具安装

Vue CLI 是 Vue 开发者为广大用户提供的一个命令行工具，即为单页面应用快速搭建繁杂的脚手架工具，在其主网站下载。使用 Vue CLI 可以帮助我们快速构建 Vue 项目，可以自定义生成一个完整的项目框架。我们可以使用 NPM 直接安装 Vue CLI，通过 CMD 命令行工具输入 npm install-g @vue/cli 命令即可自动完成安装，具体如图 1-14 所示。

图 1-14 npm 安装

五、Webpack 打包工具安装

Webpack 是一个用于现代 JavaScript 应用程序的静态模块打包工具，会自动处理前端项目中的图片、JS、CSS 等内容，从内部构建一个依赖关系图，实现自动化打包，将源代码形成资源文件。Webpack 打包工具支持前端项目模块化的开发，提供了前端项目工程化的解决方案，极大地方便了前端开发人员。当前 Webpack 已经进入 Webpack5 时代，较新版本为 V5.59.x。我们可以使用 NPM 直接安装 Webpack 打包工具，首先新建一个名为 Webpack 的文

件，通过 CMD 命令行工具输入 npm init-y 命令产生默认配置的 package.json 文件，然后输入 npm install webpack webpack-cli -D（-D 表示局部安装，-g 表示全局安装）即可自动完成安装，具体如图 1-15 所示。

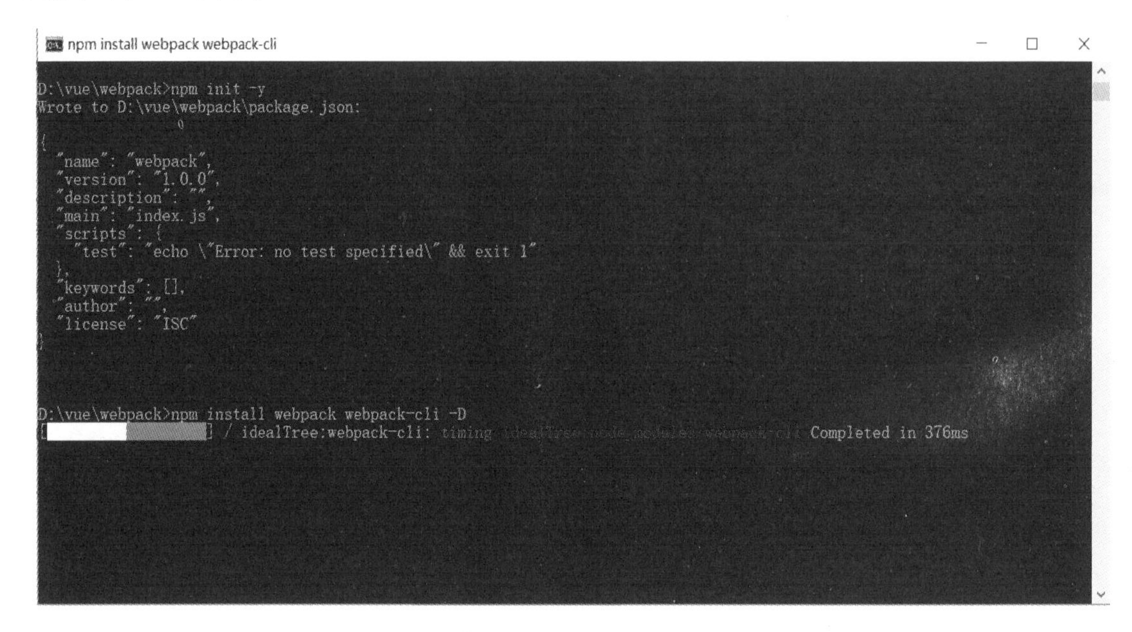

图 1-15　webpack 安装

任务二　搭建 Vue 开发环境

在 Vue2.x 的所有版本中，较新且稳定的版本号为 2.7.14。关于兼容性，Vue 不支持 IE8 及以下版本，因为 Vue 使用了 IE8 无法模拟的 ECMAScript 5 特性。但它支持所有兼容 ECMAScript 5 的浏览器。关于开发版本和生产版本的区别，则是开发版本包括完整的警告信息和调试模式，而生产版本删除了警告信息。

一、直接用<script>引入 Vue

对于初次接触 Vue 的学习者来说，在有网的开发环境中，可以通过<script>标签，借助 CDN 来直接引入和使用 Vue，在项目的 HTML 文件中直接插入代码<script src="https://cdn.jsdelivr.net/npm/vue@2.7.14/dist/vue.js"></script>即可，除此之外，也可以在 https://unpkg.com 上获取 Vue 资源。

二、下载 Vue

可以通过打开 Vue.js 的中文主网站并选择开发者版本进行下载，如图 1-16 所示。提示：进行学习开发一定要选择开发版本进行下载，不然就失去了所有常见错误相关的警告信息，不利于学习和开发。

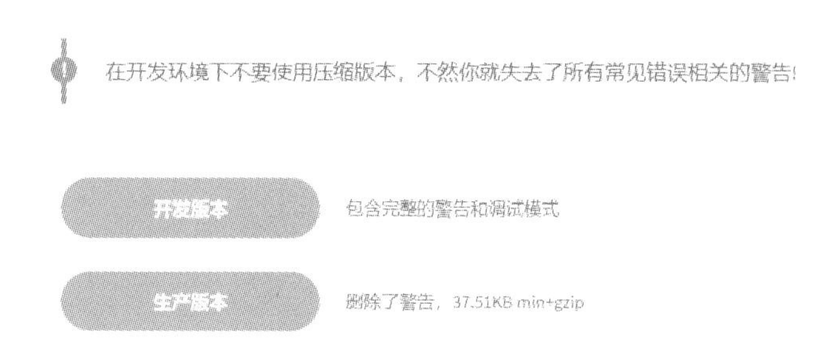

图 1-16　Vue 的两个版本

三、Vue CLI 创建 Vue 项目

通过一段时间的学习并掌握 Vue 的相关知识后，可以通过 Vue CLI 命令工具来构建完整的 Vue 项目。首先，调出 CMD 命令行工具，输入 vue create new_project（注意 new_project 为创建项目的名称，该名称不能包含大写字母），如图 1-17 所示。其次，会提示选择版本信息，通过箭头控制选项，此时选择 Vue 2 后按回车确定，继续安装，如图 1-18 所示。最后进入安装环节，当看到“Successfully created project new_project”提示时，表示安装成功，如图 1-19 所示。新产生的项目文件如图 1-20 所示。

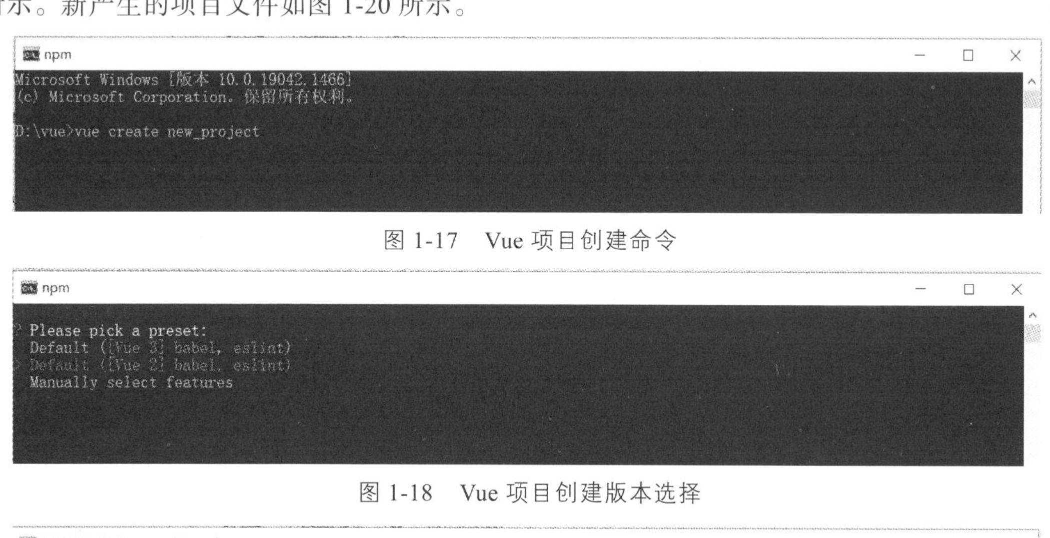

图 1-17　Vue 项目创建命令

图 1-18　Vue 项目创建版本选择

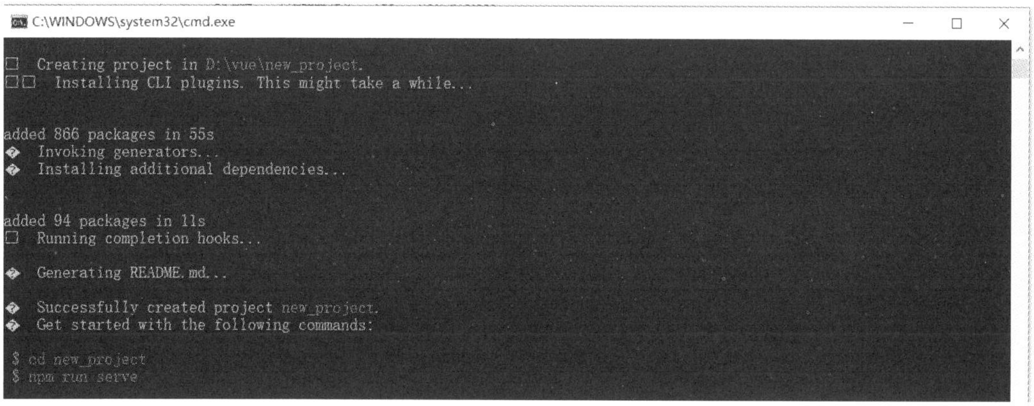

```
C:\WINDOWS\system32\cmd.exe

□  Creating project in D:\vue\new_project.
□□  Installing CLI plugins. This might take a while...


added 866 packages in 55s
�  Invoking generators...
�  Installing additional dependencies...


added 94 packages in 11s
□  Running completion hooks...

�  Generating README.md...

�  Successfully created project new_project.
�  Get started with the following commands:

 $ cd new_project
 $ npm run serve
```

图 1-19　Vue 项目创建成功

> 此电脑 > 本地磁盘 (D:) > vue > new_project

名称	修改日期	类型	大小
node_modules	2023/12/25 23:01	文件夹	
public	2023/12/25 23:01	文件夹	
src	2023/12/25 23:01	文件夹	
.gitignore	2023/12/25 23:01	Git Ignore 源文件	1 KB
babel.config.js	2023/12/25 23:01	JavaScript 文件	1 KB
jsconfig.json	2023/12/25 23:01	JSON 源文件	1 KB
package.json	2023/12/25 23:01	JSON 源文件	1 KB
package-lock.json	2023/12/25 23:01	JSON 源文件	417 KB
README.md	2023/12/25 23:02	Markdown 源文件	1 KB
vue.config.js	2023/12/25 23:01	JavaScript 文件	1 KB

图 1-20　Vue 项目目录

项目安装成功后，通过命令 cd new_project 进入项目文件，使用命令 npm run serve 开启服务器，当出现如图 1-21 所示“DONE Compiled successfully...”字样时表示开启成功，同时提示本地通过 http://localhost:8080/地址来访问你的 Vue 项目，如图 1-21、图 1-22 所示。

图 1-21　开启服务器

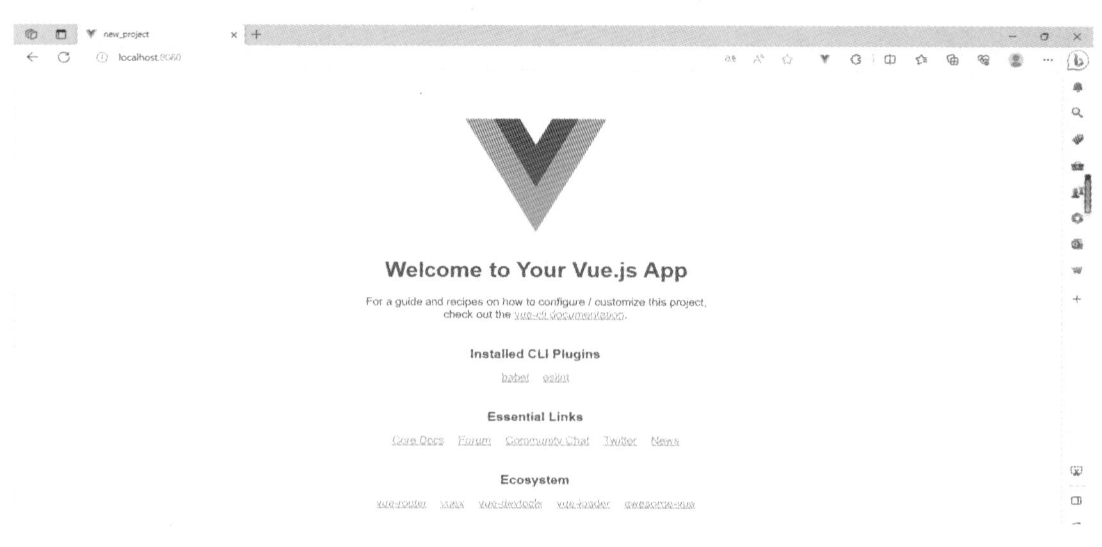

图 1-22　访问 Vue 项目

任务三　创建第一个 Vue 页面

在完成开发工具与环境的构建后，我们可以创建自己的第一个 Vue 页面，开启 Vue 学习旅程。本次使用的是下载到本地的开发版本 Vue.js，将 Vue.js 放入文件夹 date1，并在该文件夹下创建一个 date1.html 的文件，代码如下：

```
<!DOCTYPE html>
<html lang="en">
<head>
    <meta charset="UTF-8">
    <meta name="viewport" content="width=device-width, initial-scale=1.0">
    <title>我的第一个 Vue 页面</title>
    <script src="vue.js"></script>
</head>
<body>
    <div id="app1">
        <p>{{first}}</p><!-- 插值表达式将 first 绑定到 P 元素(渲染）--!>
    </div>
    <script>
        //创建一个 Vue 实例
        var vm = new Vue({
            el: "#app1",
            data: {
                first: "Hello world"
            }
        })
    </script>
</body>
</html>
```

通过浏览器访问 date1.html，代码运行结果如图 1-23 所示，即成功创建了第一个 Vue 页面。

← → C ⓘ 文件 D:/vue/date1/date1.html

Hello world

图 1-23　Hello world

小　结

本项目讲解了什么是 Vue、Vue 的发展历程和优势、开发工具 VS Code 安装、开发环境构建、Webpack 打包工具安装、Vue 页面创建等内容。读者通过本项目的学习可以初步了解 Vue，完成开发工具和开发环境的构建，以及可以完成一个简单的 Vue 页面创建。

习　题

一、填空题

1. Vue 是一款用于构建用户界面的______框架。
2. Vue 提供了一套______、______的编程模型。
3. MVVM 的三个层次具体指的是______、______、______。
4. Webpack 是一个_____应用程序的静态模块打包工具。

二、判断题

1. Vue 不能为复杂的单页应用提供驱动。（　　）
2. Vue 与 React、Angular 一同作为当前流行的前端开发三大框架。（　　）
3. Node.js 在安装过程中会自动安装 NPM 打包工具并写入环境变量。（　　）

三、简答题

1. 简述在 Microsoft Edge 浏览器中安装 Vue.js devtools 插件的步骤。
2. 简述 Vue 的优势。

项目二　商品信息管理

【项目简介】

Vue 与早期的前端开发过程有着很大区别，其优化了代码编写，提高了开发效率。本项目讲解 Vue 基础知识，主要讲述 Vue 的实例配置项、内置指令、组件简单和高级应用，最后通过商品信息管理模块的实践来掌握 Vue 的核心知识。

【知识梳理】

Vue 实例配置项：el 根元素挂载 dom 唯一 div 结构，data 用来存储数据，完成与 dom 元素的数据交互，methods 方法实现与 dom 动作行为的交互。

模板语法：Vue.js 使用基于 HTML 的模板语法实现双向和单向绑定数据，使用 v-on 指令来绑定事件处理程序，使用 v-if 和 v-else 指令来控制元素的显示和隐藏。

组件：Vue.js 使用组件来构建封装成可重用的模块，实现组件之间通信。

【学习目标】

（1）掌握 Vue 实例各配置项的创建和使用方法。

（2）掌握数据的双向和单向绑定操作。

（3）掌握事件绑定操作。

（4）掌握列表渲染和条件渲染。

（5）掌握组件的定义与使用、组件之间通信应用。

【思政导入】

通过学习 Vue 实例各配置项之间的关系，引导学生认识在软件开发中为了实现一个项目各个环节的人员分工协作的重要性，培养学生的团队意识，首先做好自己，然后服务于社会。学习组件之间的通信技巧，引导学生认识项目开发时团队之间相互沟通合作的重要性。

【能解决的问题】

（1）能够独立使用正确格式编写 Vue 各配置项。

（2）能够将 data 中的数据正确渲染到 dom 结构中。

（3）能够创建组件并实现组件之间各种传参功能。

（4）能够使用本项目所讲知识独立完成一个完整页面的设计。

模块一　认识 Vue 实例配置选项

在 Vue 中，创建一个 Vue 实例是通过 new 关键字实例化来实现的，可以创建多个 Vue 实例，但一般只创建一个 Vue 实例。

创建 Vue 实例时需要相关的配置对象来完成相应的功能，本模块主要讲解的配置项有 el 唯一根元素、初始数据 data、methods 方法、computed 属性、filters 过滤器和 watch 状态监听。Vue 创建实例及配置项格式如下所示：

```
<script>
    new Vue({
        第一个配置项： el: '#app',          //唯一(id)根元素对象
        第二个配置项： data: {              //数据对象，变量（数值,数组,字符....）

        }
        [其他配置选项]
    })
</script>
```

Vue 实例配置对象说明如表 2-1 所示。

表 2-1　Vue 常用实例配置对象

选项	说明
data	Vue 实例数据对象
methods	定义 Vue 实例中的方法
components	注册子组件
computed	计算属性
filters	过滤器
el	唯一根元素
watch	监听数据变化

任务一　认识 el 唯一根元素

在创建 Vue 实例时，el 表示唯一根元素，其功能是提供一个页面上已经存在的 DOM 元素，作为 Vue 实例的挂载目标。el 取值类型为 string|Element，它既可以是 CSS 选择器，也可以是一个 HTMLElement 实例。通常可以使用 id 选择器、class 选择器，但是挂载只对第一个符合条件的元素起作用，所以 Vue 推荐使用 id 选择器，id 的值是唯一的。id 选择器使用“#名字”，而 class 选择器使用“.名字”。

创建 Vue 语法格式：

```
Var  变量名=new Vue({
        el:’选择器字符串’
})
```

格式中的选择器字符串通常情况使用 CSS 选择器格式，下面主要介绍两种选择器字符串。

一、el 使用 id 选择器

```
<body>
        <div id="root">
            你好,Vue!
        </div>

        <script>
            var vm=new Vue({
                el:"#root"
            })
        </script>
</body>
```

以上代码<div>中的 id 选择器“root”与 new Vue 对象中的 el:“root”相绑定，使得 Vue 为 el 所提定的元素对象服务。

二、el 使用 class 选择器

```
<body>
        <div class="root">
            你好,Vue!
        </div>

        <script>
                var vm=new Vue({
                el:".root"
            })
        </script>
</body>
```

以上两个实例都是在创建 Vue 时指定的 el 元素对象。另外还有一种指定 el 元素对象的方法：在创建 Vue 之后，单独挂载（mount）唯一根元素 el，代码如下：

vm.$mount(‘#root’)或 vm.$mount(‘.root’)

任务二　认识初始数据 Data

Vue 实例的数据对象为 data，Vue 会将 data 的属性转换为 getter、setter，从而让 data 的属性能够响应数据变化。

data 主要用来准备和存储数据，在被挂载的元素里面可以通过 Vue 的表达式直接获取到 data 中的数据，可以是普通类型的数据，也可以是数组、对象，而且改变 Vue 对象里面数据的值，在元素中取到的值也会跟着改变。

data 选项的格式主要是两种：第一种是对象，是一种简单使用；第二种是函数，在组件中会使用到。

data 对象格式：

```
data:{
        属性 1：数据 1,        ///键值对：属性为键，数据为值，成对出现
        ...,
        属性 n：数据 n
      }
```

例 2-1

```
<body>
<div id="root">
    你好，{{name}}
</div>

<script>
    var vm=new Vue({
        el:"#root",
        data:{
            name:"Vue!"
        }
    })
</script>
</body>
```

data 中的数据要输出到页面中，需要在 html 中写特殊的语法格式，此格式为”插值语法”，格式如下：

{{exp}}

格式说明：

（1）{{}}是特殊固定格式，不能改变。

（2）exp：表达式是 js 合法表达式，通常是一个结果值，可直接读取到 data 中的所有属性。

（3）功能：读取 Vue 中 data 对象中属性值并输出数据到 el 指定的容器页面中。

如果在 data 中出现了两个相同名字的属性名，但值不一样的情况，则可以在 data 属性中创建属性为对象的格式，形成多层属性结构，代码如下所示：

```
<div id="root">
            你好,{{name}}同学<br />
            今天心情:{{mood}}<br />
            你好，{{teacher.name}}老师
</div>

        <script>
```

```
            var vm=new Vue({
                el:"#root",
                data:{
                    name:"张三",
                    mood:"nice",
                    teacher:{
                      name:"李三",

                     }
                    }
        })
    </script>
```

此例中的 data 中有一个 name 属性，同时在 teacher 中也有一个 name 属性，此时在插值语法访问 data 中两个 name 的属性时，teacher 中的 name 必须要加上 teacher 的前缀才能被访问，以区分两个不同的 name 属性。

data 函数格式：

```
data(){
    return {
          属性：数据(属性值)
         }
}
<div id="root">
    你好,{{name}}<br />
    今天心情:{{mood}}
</div>

<script>
    var vm=new Vue({
        el:"#root",
        data(){
            return{
            name:"Vue",
            mood:"nice"
            }
    }
})
</script>
```

Data 的函数式写法在后面的组件使用时会再次使用到。

任务三　认识 methods 方法

methods 方法里面可以定义多个函数，这个方法的调用有两种方式：

（1）通过 Vue 对象调用这个方法。

（2）在被挂载元素中通过表达式调用这个方法。

methods 方法语法格式：

```
methods:{
        函数名 1([参数列表]){
        函数体
        },
…
        函数名 n([参数列表]){
        函数体
        }
}
```

格式说明：

函数名：js 允许的合法标识符命名规则。

[参数列表]：函数的参数，根据应用要求取舍。

例 2-2　methods 方法调用的两种形式举例，代码如下所示：

```
<div id="root">
    {{msg()}}
</div>

<script>
    var vm=new Vue({

        el:"#root",
        data:{
            name:"Vue"
        },
         methods:{
          msg(){
              alert("你好，这是插值语法表达式调用的"+this.name);
          },
          msg1(str){
               alert(str);
          }
        }
```

```
    })
    vm.msg1("这是 Vue 对象调用的"+vm.name);
</script>
```

该例的 msg()方法是无参的插值语法调用，msg1()方法是带参的 Vue 的独立调用。是否带参数则应根据程序的需求而定。methods 方法通常在事件处理中调用较多，在后续的事件处理中还会使用到其他 methods 方法。

任务四　认识 computed 属性

对现有的属性进行加工或运算得到一个全新的属性就叫作 computed 属性操作。

computed 属性语法格式：

```
computed:{
        计算属性名称:function([参数]){
            return  计算属性结果;
        }
}
```

说明：当执行一次 computed 属性函数后，会在内存中保留其结果，也就是留有缓存数据。当再次调用 computed 属性时，computed 会查看 computed 属性中所依赖的属性值是否发生改变，若发生改变则重新调用函数执行返回结果，否则会直接读取缓存中的数据。下面通过实例来了解 computed 的执行过程。

例 2-3　将原字符串“computed”进行倒序输出，采用计算属性实现，代码如下：

```
<div id="root">
        <h1>原字符串：{{str}}</h1>
        <h1>倒序字符串：{{reverseStr}}</h1>
    </div>

    <script>
        var vm=new Vue({
            el:"#root",
            data:{
                str:"computed"
            },
            computed:{
              reverseStr:function(){
                return this.str.split('').reverse('').join('');
              }
            }
    })
</script>
```

例 2-4　将原字符串“computed”进行倒序输出，采用函数实现，代码如下：

```
<div id="root">
    <h1>原字符串：{{str}}</h1>
    <h1>倒序字符串：{{reverseStr()}}</h1>
</div>

<script>
    var vm=new Vue({

        el:"#root",
        data:{
            str:"computed"
        },
        methods:{
            reverseStr:function(){
                return this.str.split('').reverse('').join('');
            }
        }
    })
</script>
```

computed 属性实际上还是在做函数的运算，然后将函数产生的一个结果返回给 computed 属性。而 methods 是做同样的计算，但必须以函数形式调用且可以传递参数。两者的差别是 computed 带有缓存，而 methods 不带缓存。computed 是基于它们的响应式依赖进行缓存的，只在相关响应式依赖发生改变时，computed 才会重新求值，这就意味着只要 computed 的计算属性还没有发生改变，多次访问 computed 计算属性会立即返回之前的计算结果，而不必再次执行 computed 中的函数。在处理数据量比较大的情况下 computed 在时间上的响应是优于 methods 的。

任务五　认识 filters 过滤器方法

在前端页面开发中，通过数据绑定可以将 data 数据绑定到页面中，页面中的数据经过逻辑层处理后展示最终的结果。数据的变化除了在 Vue 逻辑层进行操作外，还可以通过过滤器来实现。过滤器常用于对数据进行格式化，如字符串首字母大小写修改、格式化等。过滤器有两种使用方式：一种是 filters 过滤器在插值语法中使用，另一种是在 v-bind 语法中使用。本任务主要介绍 filters 在插值语法中的使用。

过滤器格式：

```
filters:{
        过滤器名称:function(参数){
        return 参数的操作处理;
        }
}
```

过滤器的插值语法：

{{需要过滤的属性名|过滤器名称 1|过滤器名称 n}}

例 2-5　采用过滤器将字符串倒序输出：

```
<div id="root">
        <h1>原字符串：{{str}}</h1>
        <h1>倒序字符串：{{str|reverseStr()}}</h1>
</div>

<script>
      var vm=new Vue({
            el:"#root",
            data:{
                  str:"filters"
            },
   filters:{
           reverseStr:function(value){
                  return value.split('').reverse('').join('');
           }
   }
   })
</script>
```

插值语法的执行流程：

（1）将需要过滤的属性名传给过滤器名称 1 作为参数。

（2）执行过滤器名称 1 函数，将执行后的结果返回给过滤器名称 1。

（3）若后面还有过滤器名称 n，则将第 2 步过滤器的结果作为参数传给当前的过滤器作为参数继续重复执行，直到最后一个过滤器返回结果为止。

任务六　认识 watch 状态监听

Vue 提供了 watch 状态监听的功能，可以自动监听当前 Vue 实例的状态变化情况，并可以根据变化结果做出所需要的处理。这里监听的对象主要是 data 中的各属性和 computed 中的各属性对象。

只要当前监听的 Vue 实例中的数据发生变化，watch 就会调用当前数据所绑定的事件处理方法。所以 watch 本质也是创建函数来实现监听功能。

watch 监听调用形式主要有两种：

（1）通过 new Vue 创建 watch 配置选项。

watch 监听语法简写格式：

```
watch:{
      被监听属性名:function(newvalue,oldvalue)
```

```
    {
        监听后处理函数体
    }
}
```

（2）通过 vm.$watch 单独创建 watch 监听。

```
Vm.$watch('监听属性名', function(newValue,oldValue)
    {
        监听后处理函数体
    }
)
```

例 2-6　需要监听存款信息的变化，如果原有存款信息发生变化，则显示存款的变化情况。

① 使用 new Vue 创建 watch 配置选项。

```
<div id="root">
    我的存款:    <input type="text" v-model="money" /><br />
    <p>{{msg}}</p>
</div>

<script>
    var vm=new Vue({
        el:"#root",
        data:{
            money:100,
            msg:"存款没变化"
            },
        watch:{
            money:function(newvalue,oldvalue){
                if(newvalue-oldvalue>0)
                    this.msg="存款增加了"
                if(newvalue-oldvalue<0)
                    this.msg="存款减少了"
            }
        }
        })
</script>
```

② 通过 vm.$watch 单独创建 watch 监听。

```
<div id="root">
    我的存款:    <input type="text" v-model="money" /><br />
    <p>{{msg}}</p>
</div>
```

```
<script>
    var vm=new Vue({
        el:"#root",
        data:{
            money:100,
            msg:"存款没变化"
        }
    })

    vm.$watch('money',function(newValue,oldValue)
        {
            if(newValue-oldValue>0)
                this.msg="存款增加了"
        if(newvalue-oldvalue<0)
                this.msg="存款减少了"
        }
    )
</script>
```

模块二　内置指令

数据绑定最常见的形式就是使用两组大括号的插值语法格式：

<p>{{ msg }}</p>

标签将会被替代为对应数据对象 data 上 msg 属性的值。无论何时，只要绑定的数据对象上 msg 属性发生了改变，插值处的内容都会更新。如果需要在标签的属性上绑定数据，此时插值语法格式就不能实现：

<a href="{{url}}">打开 Vue 网站</a>

此段代码执行后会显示“找不到正确的路径”。因此插值语法只能绑定标签的标签体内容，不能用于绑定标签的属性。

Vue.js 提供了一些常用的内置指令，这些指令都是以“v-”作为前缀的，用于解析标签（标签的属性、内容或事件等）。Vue 中大量的指令都是形如”v-xxxx”格式来表达的，这种表达方式也叫作指令语法。常用指令如表 2-2 所示。

表 2-2　Vue 常用指令

指令名称	指令作用	备注
v-html	显示与解析 HTML 代码	等效于 JS 的 innerHTML
v-text	原封不动地进行展示	等效于 JS 的 innerText
v-for	遍历与循环功能	遍历数字、字符串、对象、数组

续表

指令名称	指令作用	备注
v-bind	绑定属性	简单形式:属性名= “值”
v-model	双向绑定	只支持 input,select,textarea
v-show	显示与隐藏	隐藏只是样式:style="display=none"
v-if	判断	v-if/v-else-if/v-else 是一组
v-on	绑定事件	简写形式 @事件名=方法名()

在我们的模板编写中，一般都只绑定简单的属性键值。无论是插值语法还是指令语法，对于所有的数据绑定，Vue.js 都提供了完全的 JavaScript 表达式支持：

```
{{ n + 1 }}
{{ ok ? 'Y' : 'N' }}
{{ str.split('').reverse().join('') }}
<div v-bind:id="'list-' + id"></div>
```

这些表达式会在所属 Vue 实例的数据作用域下作为 JavaScript 被解析。特别注意，每个绑定都只能包含单个表达式，不能是多个表达式。

任务一　认识 v-bind

v-bind 是给被挂载的元素绑定属性。

v-bind 指令语法格式：

v-bind:属性名= “值”

格式说明：值是定义的 Vue 中的 data 的数据属性

还可以使用简写格式：

：属性名= “值”

例 2-7　在 a 标签中实现超链接到 Vue 网址，采用 v-bind 实现，完整形式如下：

```
<div id="root">
    <a v-bind:href="url">打开 Vue 网站</a>
</div>

<script>
    var vm=new Vue({
        el:"#root",
        data:{
            url:"http://cn.vuejs.org"
        }
    })
</script>
```

v-bind 的简写形式是去掉“v-bind”，在标签属性前只需要一个“:”号即可，代码如下：

```
<div id="root">
    <!--<p v-bind:herf={{msg}}></p>-->
    <a :href="url">打开 Vue 网站</a>
</div>
```

v-bind 是一个单向数据绑定，也就是说 data 中的数据可以传入到页面的标签中显示，但若标签里的数据发生改变是不会改变 data 中数据的。

任务二　认识 v-model

v-model 用于双向的数据绑定，用在 input、select、textarea 等标签上。

双向绑定就是指 data 中的数据可以实时传入到页面中更新，反过来页面中的数据也会实时传入到 data 中更新。但双向绑定有一定的限制，只有具有 value 属性的页面元素才可以使用 v-model。

v-model 语法格式：

v-model:value= “值”

格式说明：值是定义的 Vue 中的 data 的数据属性。

还可以使用简写格式：

v-mode= “值”

例 2-8　通过 input 文本框分别测试 v-bind 与 v-mode 的区别，代码如下所示：

```
<div id="root">
    v-bind 绑定:
    <input type="text" v-bind:value="val1" /><br />
    v-model 绑定:
    <input type="text" v-model:value="val1" />
</div>
<script>
    var vm=new Vue({
        el:"#root",
        data:{
            val1:"绑定数据"
        }
    })
</script>
```

此例中有两个文本框，如图 2-1 所示。页面中第一个是 v-bind 绑定，第二个是 v-model 绑定。此时在 v-bind 文本框中输入新信息时，data 中的 val1 的数据是不会发生改变的，因此 v-bind 是单向绑定，只能是 data 中的数据传入到页面。如果在 v-model 文本框中输入新信息时，data 中的 val1 的数据就会随之发生改变，并且 v-bind 的文本框的内容也会同时发生改变。这是因为 v-model 改变了 data 中的数据，同时 data 中的数据又传入到 v-bind 的文本框中。

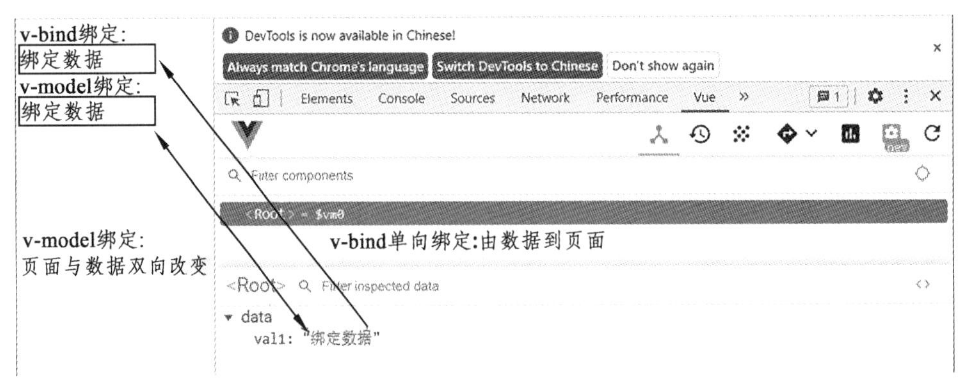

图 2-1　v-bind 与 v-model 页面数据与 data 数据关系图

v-model 的双向绑定数据在代码效率和功能上比 v-bind 更高一些。但 v-model 只能用于具有输入功能的标签对象，存在一定的局限性。对于没有输入功能的标签如果要绑定数据，还是只能使用 v-bind 指令。

任务三　认识 v-on

v-on 指令用于事件绑定，即给被挂载的元素绑定事件。通过绑定事件可以调用 Vue 中的 methods（方法）。事件处理可以是鼠标事件、键盘事件等。

v-on 语法：

<标签名 v-on:event="JavaScript">

简写格式：

<标签名 @event="JavaScript">

格式说明：

event：事件名称，主要是键盘和鼠标事件（click、keyup 等）。

"JavaScript"：js 合法表达式或 methods 方法。

一、click 事件与 js 表达式

例 2-9　对单击鼠标按钮进行计数，在 p 标签中显示点击按钮的次数，代码如下：

```
<div id="root">
    <button v-on:click="number++">点我</button>
    <p>按钮被点了{{number}}次</p>
</div>

<script>
    var vm=new Vue({
        el:"#root",
        data:{
            number:0
```

```
        }
    })
</script>
```

二、click 事件与 methods 方法无参数传递

例 2-10　对单击鼠标按钮进行计数，alert 对话框显示按钮文本被点击的次数，代码如下：

```
<div id="root">
    <button v-on:click="add">点我</button>
</div>
<script>
    var vm=new Vue({
        el:"#root",
        data:{
            number:0
        },
        methods:{
            add(){
                this.number++
                alert(event.target.innerText+"被点击了"+this.number+"次")
            }
        }
    })
</script>
```

方法事件处理器会自动接收原生 DOM 事件并触发执行。在此例中，add 方法没有传递任何参数，通过 event.target.innerText 取得了访问 DOM 的按钮对象的文本属性。所以在方法事件处理器中默认就有一个 event 作为参数传递给函数，才能接收到 DOM 的原生事件。

三、click 事件与 methods 方法带参数传递

例 2-11　对单击鼠标按钮进行计数，alert 对话框显示”张三”点击按钮文本的次数，代码如下：

```
<div id="root">
    <button v-on:click="add($event,'张三')">点我</button>
</div>
<script>
    var vm=new Vue({
        el:"#root",
        data:{
            number:0
```

```
        },
        methods:{
            add(event,name){
                this.number++
                alert(name+event.target.innerText+"点击了"+this.number+"次")
            }
        }
    })
</script>
```

此例中需要传递一个”张三”字符串参数 name，还要取得 DOM 的原生事件 event，此时就需要将特殊变量$event 作为参数传入方法中，作为显示传递 DOM 的原生事件 event。

四、事件修饰符

在事件处理过程中，有些事件是程序不想执行的，比如阻止默认事件（event.preventDefault()）、阻止冒泡事件（event.stopPropagation()）等。当然可以把这些方法放在事件处理程序中实现，但我们希望事件处理程序更加简化些，不把这些方法放在事件处理程序中。

为了解决这个问题，Vue.js 为 v-on 提供了事件修饰符。修饰符是由点开头的指令后缀来表示的。Vue 提供以下常用修饰符，如表 2-3 所示。

表 2-3　常用事件修饰符

修饰符名称	功能
.prevent	阻止默认事件
.stop	阻止事件冒泡
.once	事件只触发一次
.capture	事件为捕获模式
.self	当 event.target 是当前操作元素才会触发事件
.passive	事件默认为立即执行

以下是常用事件修饰符的语法格式：

```
<!-- 单击事件将停止传递 -->
<a @click.stop="doThis"></a>

<!-- 提交事件将不再重新加载页面 -->
<form @submit.prevent="onSubmit"></form>

<!-- 修饰语可以使用链式书写 -->
<a @click.stop.prevent="doThat"></a>

<!-- 仅当 event.target 是元素本身时才会触发事件处理器 -->
<div @click.self="doThat">...</div>
```

```
<!-- 添加事件监听器时，使用 capture 捕获模式 -->
<div @click.capture="doThis">...</div>

<!-- 点击事件最多被触发一次 -->
<a @click.once="doThis"></a>

<!-- 滚动事件的默认行为 (scrolling) 将立即发生而非等待 `onScroll` 完成 -->
<div @scroll.passive="onScroll">...</div>
```

例 2-12　在 a 标签上的超链接上绑定一个 click 事件，要求只调用 click 事件，不执行超链接的跳转，使用.prevent 修饰符实现，代码如下：

```
<div id="root">
    <a v-bind:href="url" @click.prevent="msg">打开 Vue 网站</a>
</div>
<script>
    var vm=new Vue({
        el:"#root",
        data:{
            url:"http://cn.vuejs.org"
        },
        methods:{
            msg(){
                alert("跳转到 Vue！网站")
            }
        }
    })
</script>
```

此例中若没有@click.prevent 事件修饰符，则会先执行 click 事件，然后再跳转到指定的页面。其中超链接就属于默认事件。

五、按键修饰符

在事件处理中，除了监听鼠标事件，还可以监听键盘事件。键盘事件中主要用到的是 keydown、keyup 和 keypress 事件，其语法格式与 click 类似。

监听键盘事件可以获得键盘的 keyCode（键码），通过 Vue 在监听键盘事件时添加按键修饰符，以此来判断按下了键盘的哪个键做相应的处理程序。由于 keyCode 值较多，因此 Vue 提供了一些常用键的别名供程序员访问，如表 2-4、表 2-5 所示。

表 2-4　常用按键修饰符别名

按钮修饰符别名	修饰符说明
.enter	回车
.tab	跳格：只在 keydown 有效
.delete（捕获“Delete”和“Backspace”两个按键）	删除
.esc	退出
.space	空格
.up	上
.down	下
.left	左
.right	右

表 2-5　系统按键修饰符

系统按键修饰符别名	修饰符说明
.ctrl	控制键
.alt	交换键
.shift	转换键
.meta	在 Mac 键盘上，meta 是 Command 键(⌘)。在 Windows 键盘上，meta 键是 Windows 键(⊞)

例 2-13　在文本框中输入数据，若输入的是 enter 键，则弹出提示“按下回车键，输入结束”，代码如下：

```
<div id="root">
输入数据：<input type="text" v-model="number" @keydown.enter="msg"/>
</div>
<script>
    var vm=new Vue({
        el:"#root",
        data:{
            number:""
        },
        methods:{
            msg:function(){
                alert("按下回车键，输入结束")
            }
        }
    })
</script>
```

任务四　认识 v-text

v-text 指令和插值语法格式都可以用于显示文本内容，和 innerText 的用法一样。所不同的是 v-text 放在标签属性中，而插值放在标签体内中。v-text 语法格式如下：

v-text=” javascript 表达式”

例 2-14　在 P 标签中绑定 v-text 指令，显示带有标签的信息，代码如下所示：

```
<div id="root">
        <p v-text="str"></p>
</div>
<script>
    var vm=new Vue({
        el:"#root",
        data:{
            str:"<h1>大家好，我是 v-text</h1>"
        }
    })
</script>
```

此例中可以看到，v-text 会将 str 字符串包含标签结构的字符也原样输出，而不能解析字符中的标签结构，如果要实现解析文本中带有标签内容，则需要使用另一个指令 v-html。

任务五　认识 v-html

v-html 指令可以解析里面的 HTML 标签，和 innerHTML 的用法一样。但如果将 v-html 使用在动态渲染 HTML 的网站上，是存在一定的安全问题的，所以这种情况下不应在用户提交的内容上使用 v-html 指令。

例 2-15　在 P 标签中绑定 v-html 指令，字符串带有<H1>标签结构的信息，代码如下：

```
<div id="root">
    <p v-html="str"></p>
</div>
<script>
    var vm=new Vue({
        el:"#root",
        data:{
            str:"<h1>大家好，我是 v-html</h1>"
        }
    })
</script>
```

以上这段代码与 v-text 中的实例基本相同，只是绑定指令是 v-html，因此显示的结果就有很大差异了。此例中的 str 变量是带有标签结构的字符串，因此最后显示时，str 中的标签<h1>将以 html 语法解析为<h1>标签格式。

任务六　认识 v-show

v-show 指令可以根据它后面表达式的真假来决定一个元素显示或者隐藏。而实际上 v-show 指令是通过改变元素的样式表 css 的 display 属性来达到显示和隐藏效果。

v-show 指令格式：

v-show=”javascript 表达式”

说明：javascript 表达式为真时，则显示；为假时，则隐藏。

例 2-16　下面为简易试题程序，根据题目要求选择出正确答案，并根据选择的情况给出做题的提示信息，代码如下：

```
<div id="root">
        <h3>试题 1：请问以下哪条指令可以实现标签的显示与隐藏？</h3>
        <input type="text" v-model="answer"/>
        <a v-show="answer=='D' || answer=='d'">{{yes}}</a>
        <a v-show="answer==''">{{msg}}</a>
        <a v-show="answer!='D' && answer!='d' && answer!=''">{{no}}</a>
        <p >A.v-on</p>
        <p >B.v-for</p>
        <p >C.v-text</p>
        <p >D.v-show</p>
</div>
<script>
    var vm=new Vue({
        el:"#root",
        data:{
            answer:"",
            yes:"回答正确",
            no:"回答错误",
            msg:"请输入正确答案"
        }
    })
</script>
```

此例在运行时打开 javascript 控制台，首先可以看到在元素中存在有三个 a 标签。此时在文本框输入不同值，可看到元素 a 标签 style 后 display 属性值在不断发生变化，从而实现三个 a 标签的显示与隐藏切换。

任务七　认识 v-if

v-if：表示条件渲染，当 v-if 指令后所给出的条件为真时，指定的内容才会被渲染执行。其功能与 v-show 基本上是一样的，也是对元素的显示和隐藏操作，但 v-if 指的显示与隐藏是对元素的删除和增加操作。

v-if 指令格式：

v-if=“javascript 表达式”

说明：javascript 表达式为真时，则删除该元素；为假时，则添加该元素。

例 2-17　下面为简易试题程序，与例 2.16 的功能一样，只是将所有的 v-show 改为了 v-if，修改代码部分如下：

```
<div id="root">
        <h3>试题 1：请问以下哪条指令可以实现标签的显示与隐藏？</h3>
        <input type="text" v-model="answer"/>
        <a v-if="answer=='D' || answer=='d'">{{yes}}</a>
        <a v-if="answer==''">{{msg}}</a>
        <a v-if="answer!='D' && answer!='d' && answer!=''">{{no}}</a>
        <p >A.v-on</p>
        <p >B.v-for</p>
        <p >C.v-text</p>
        <p >D.v-if</p>
</div>
```

此例在运行时打开 javascript 控制台，首先可以看到在元素中是没有三个 a 标签的。然后在文本框输入不同值，可看到元素 a 标签会根据输入值的变化而产生不同的 a 标签对象。所以从这里可以发现，v-if 是用来操作元素的创建与删除，代码执行效率低一些。而 v-show 只是改变元素的样式属性，而不会改变其结构，代码执行效率高一些。如果这种隐藏和显示功能操作的频率高则建议使用 v-show，否则使用 v-if。

v-if 指令还有另外两个与之相配套的指令：v-else 和 v-else-if。这两个指令和 v-if 组合会在逻辑结构上有更大的处理空间。

v-else 指令格式：

v-else

说明：v-else 后是不需要跟任何表达式，通常与 v-if 指令结合使用，当 v-if 条件为假时，执行 v-else 中的渲染功能。

v-else-if 指令格式：

v-else-if=”javascript 表达式”

说明：该指令也是与 v-if 指令结合使用，当 v-if 条件为假时，v-else-if 指令再一次进行条件判断，如果 v-else-if 条件为真，则执行渲染功能。

v-if、v-else 和 v-else-if 三个指令的结合可以实现其他高级程序语言中的 if-else 语句块结构，这三个指令的组合使用，可以使得逻辑结构更清晰，在执行效率上有一定的优化效果。

下面我们通过用不同代码实现同一实例来说明 v-else 和 v-else-if 对 v-if 的辅助作用。

例 2-18　在文本框中输入 1 ~ 5 的数字，在 p 标签中显示不同的指令信息，v-f 实现代码如下：

```
<div id="root">
        <h3>请输入 1 ~ 5 数字，下面会显示不同的指令</h3>
        <input type="text" v-model="answer"/>
        <p v-if="answer==1">1.v-on</p>
        <p v-if="answer==2">2.v-for</p>
        <p v-if="answer==3">3.v-text</p>
        <p v-if="answer==4">4.v-if</p>
        <p v-if="answer==5">5.v-show</p>
</div>
<script>
    var vm=new Vue({
        el:"#root",
        data:{
            answer:0
        }
    })
</script>
```

同样的功能，使用 v-else 和 v-else-if 结合的代码如下所示：

```
<div id="root">
        <h3>请输入 1 ~ 5 数字，下面会显示不同的指令</h3>
        <input type="text" v-model="answer"/>
        <p v-if="answer==1">1.v-on</p>
        <p v-else-if="answer==2">2.v-for</p>
        <p v-else-if="answer==3">3.v-text</p>
        <p v-else-if="answer==4">4.v-if</p>
        <p v-else="answer==5">5.v-show</p>
</div>
```

以上两段代码完成功能完全一样，但有 v-else 和 v-else-if 的这段代码在效率上有提高，因为全使用 v-if 的代码对每一个”answer”比较都要做一次，而有 v-else 指令的则不需要。特别提醒，使用 v-if、v-else 和 v-else-if 组合结构时，中间不能穿插任何其他标签或语句，否则无法实现其功能并且会报错。

任务八　认识 v-for

v-if 表示列表渲染，也就是循环指令。功能是将数组类型、对象类型或字符串类型等数据，通过循环迭代的方式，遍历数组或对象中的所有元素，并将其渲染到 javascript 中的列表中。

v-for 指令简单格式：

v-for="item in items"

格式说明：

（1）item 表示 items 中的某个元素，item 会遍历取出 items 中的每一个元素数据，存放在 item 中。

（2）items 通常是指数组类型或对象类型的数据。

v-for 指令完整格式（数组类型）：

v-for="(item,index)　in items"

格式说明：

（1）index 表示 items 数组集合中系统给定的索引值，默认从 0 开始。

（2）items 表示数组类型数据。

v-for 指令完整格式（对象类型）：

v-for="(value, key, index) in items"

格式说明：

（1）value 表示对象的键值。

（2）key 表示对象的键名。

（3）items 表示对象类型数据。

（4）index 表示对象类型中每个键值对索引编号，默认从 0 开始。

下面我们通过遍历数组类型和对象类型数据，来说明 v-for 的使用情况。

一、v-for 数组类型数据

例 2-19　显示商品信息分类列表，数据为数组类型，有 id 和 name 两列信息，代码如下：

```
<div id="root">
        <h3>商品信息分类列表</h3>
        <ul>
            <li v-for="g in goods">{{g.id}}--{{g.name}}</li>
        </ul>
</div>
<script>
    var vm=new Vue({
        el:"#root",
        data:{
            goods:[
            {id:'01',name:'女装'},
            {id:'02',name:'美状'},
            {id:'03',name:'男装'},
            {id:'04',name:'手机'},
            {id:'05',name:'食品'},
            ]
```

```
			}
		})
	</script>
```

二、v-for 对象类型数据

例 2-20　显示学生信息列表，数据为对象类型，代码如下：

```
<div id="root">
		<h3>学生信息列表</h3>
		<ul>
			<li v-for="(sval,skey,index) in stu">{{skey}}--{{sval}}--{{index}}</li>
		</ul>
</div>
<script>
	var vm=new Vue({
		el:"#root",
		data:{
			stu:{
			sid:"001",
			sname:"张三",
			sage:18
			}
		}
	})
</script>
```

v-for 指令不仅用于单个列表遍历渲染，还可以使用多个 v-for 指令来实现多重 v-for 指令，实现对数据的嵌套结构实现嵌套遍历操作，代码如下：

```
<li v-for="item in items">
<div v-for="childItem   in item.children">
{{ item.msg}}---- {{ childItem.msg }}
</div>
</li>
```

模块三　Vue 组件简单应用

在一个大型的网站系统的开发过程中，通常会把一个系统进行任务或功能的分工，这个过程就是将一个系统切分为多个子系统，每个子系统再分成多个子模块，每个子模块再分工完成相应的任务，这就叫作模块化应用。

我们知道一个网页的文件组成结构主要分为 html、css、js 和其他资源类文件。模块化应用主要目的就是为了实现代码的复用，这些文档实际上都可以使用原有的技术实现代码复用，但是存在关系依赖混乱、维护代价高、代码复用率不高的情况。特别是 html 文件的代码复用就非常麻烦和低效。

为了解决这些问题，Vue 提出了组件的概念，对网页中的各个部分进行独立化，形成组件结构，通过灵活引用组件实现代码的高效重复调用的组件化编程。

任务一 认识组件

组件（Component）是 Vue.js 最强大的功能之一，可以扩展 HTML 元素，封装可重用的代码。

组件实现网页中各个部分的功能代码（css、html、js 和资源）的集合。也就是把一个网页切分成多个独立部分，将每个部分做成一个组件，该组件包含（css、html、js 和资源）等代码，其中 html 可以不是完整的 html 结构代码。这样一个网页就分成了多个组件或有层级结构的组件树，如图 2-2 所示。

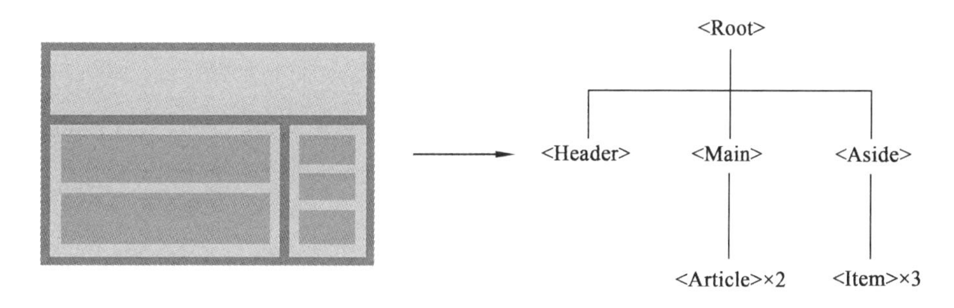

图 2-2 组件与网页结构关系

这和我们嵌套 HTML 元素的方式类似，Vue 实现了自己的组件模型，使我们可以在每个组件内封装自定义内容与逻辑，如图 2-3 所示。

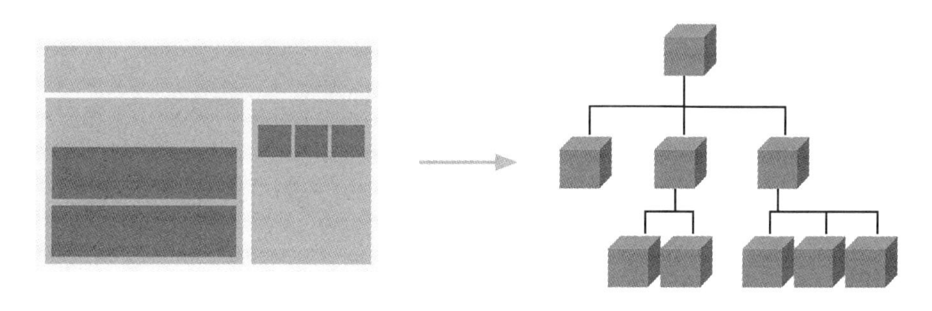

图 2-3 Vue 组件模型

Vue 的组件有两种形式：

非单文件组件：由多个组件构成的 html 文件。

单文件组件：只有一个组件构成的 vue 文件。

一般情况下，我们使用的组件都是单文件组件。由于单文件组件需要使用脚手架完成，所以本节先讨论的是非单文件组件的写法和实例。

组件的使用过程分为三步：
（1）创建组件。
（2）注册组件。
（3）使用组件。
下面将继续介绍局部组件的使用步骤和方法。

任务二　创建组件

创建组件的方式与创建 Vue 对象的格式非常相似，具体格式如下：

```
var 组件名=Vue.extend({
    Template:``,        //此处引号为模板字符串引号
    data(){
        return {
        数据对象
        }
    }
    [其他 Vue 对象的选项都可以在这里编写]
})
```

格式说明：
（1）在组件中不能用 el 选项，因为组件不确定挂载对象。
（2）组件中的 data 选项只能使用函数形式，通过 reutrn 返回数据信息。
（3）组件可以加入 html 标签结构，使用 template（模板）来实现。
（4）组件也可以加入 css 样式表，在单文件组件里可以。
例 2-21　创建非单文件组件，描述课程信息组件 course，代码如下：

```
//创建课程 course 组件
var course = Vue.extend({
        template: `
        <div>
            <h2>课程信息</h2>
            <h3>课号：{{cid}}</h3>
            <h3>课名：{{cname}}</h3>
        </div>`,
        data() {
            return {
                cid: "001",
                cname: "Vue 前端开发"
            }
        }
})
```

注意事项：
（1）组件中的 data 是一个函数，不是对象。
（2）组件中必须有一个唯一的根元素<div>。

任务三　注册组件

一、注册全局组件

通过 Vue 定义的组件，就是一个全局的组件，在所有被挂载的元素里面都可以被使用。

注册全局组件语法格式：

Vue.component(注册组件名，定义的组件名)

例 2-22　将例 2-21 中创建好的组件注册为一个全局组件，代码如下：

```
//注册全局组件
Vue.component(course, course )
```

二、注册局部组件

局部组件是在一个定义的 Vue 对象里面定义的组件，一个 Vue 对象中可以定义多个组件，所以使用的关键字是 components。这里的局部指的是当前 Vue 所注册的组件只对当前 Vue 对象所挂载的 el 元素有效，其他元素无法使用这些组件。

注册局部组件语法格式：

```
new Vue({
  el:"#app",
      components:{
          注册组件名：定义组件名
      }
})
```

格式说明：注册局部组件的格式与注册全局组件基本相似，不同的是局部组件是在 Vue 对象内部注册，所以此时已经确定了挂载元素 el。

例 2-23　将例 2.22 中创建好的组件注册为一个局部组件，代码如下：

```
new Vue({
      el:"#app",
      componets:{
          course: course
      }
})
```

说明：无论是局部组件还是全局组件，这些组件在对应的 html 元素结构中使用，都必须要在 Vue 对象中挂载，否则无法使用。局部组件的使用方法和格式与全局组件使用方法相似，唯一不同的就是使用组件的挂载元素必须与注册时的挂载元素相同才能正常使用。

三、使用组件

注册组件完了后，接下来就是使用组件，使用组件方法比较特殊，是将组件名称作为标签名称使用，并将此标签放在 html 结构中显示，格式如下：

```
<组件名></组件名>    //双标签格式
```

或

```
<组件名/>    //单标签格式，配合脚手架使用
```

例 2-24 将前例中注册好的 course 组件放于 html 结构中使用，代码如下：

```
<div id="app">
        <course></course>
</div>
```

四、template 模板使用

（一）template 标签在 Vue 实例绑定的元素内部

它可以显示 template 标签中的内容，但是查看后台的 dom 结构不存在 template 标签。如果 template 标签不放在 Vue 实例绑定的元素内部，默认里面的内容不能显示在页面上，但是查看后台 dom 结构存在 template 标签。

注意：Vue 实例绑定的元素内部的 template 标签不支持 v-show 指令，即 v-show="false" 对 template 标签来说不起作用。但是此时的 template 标签支持 v-if、v-else-if、v-else、v-for 这些指令。

template 标签的作用是模板占位符，可帮助我们包裹元素，但在循环过程当中，template 不会被渲染到页面上，代码格式如下:

```
<template>
    <div>
        结构内容
    </div>
</template>
```

（二）Vue 实例中的 template 属性

该 template 将实例中 template 属性值进行编译，并用编译后的 dom 替换掉 Vue 实例绑定的元素，如果该 Vue 实例绑定的元素中存在内容，这些内容会直接被覆盖。

特点：

（1）如果 Vue 实例中有 template 属性，会将该属性值进行编译，将编译后的虚拟 dom 直接替换掉 Vue 实例绑定的元素（即 el 绑定的那个元素）。

（2）template 属性中的 dom 结构只能有一个根元素，如果有多个根元素需要使用 v-if、v-else、v-else-if 并设置成只显示其中一个根元素。

（3）在该属性对应的属性值中可以使用 Vue 实例 data、methods 中定义的数据。

在组件中，Vue 中 template 属性的使用较为频繁，通常会在组件的 html 结构中加入 template 属性，以 temlplate 属性中的 dom 来填充对应组件所在的 html 结构内容。

任务四　组件之间数据传递的实现

组件的参数传递是指外部传入数据到组件中，这些数据的名字必须要与 template（模板）和 props 配置的参数相一致，Vue 提供 props 属性项来实现这一功能。

props 是组件（子组件）用来接受外部程序（父组件）传递过来的数据的一个自定义属性。

外部程序（父组件）的数据需要通过 props 把数据传给组件（子组件），组件（子组件）需要显式地用 props 选项声明"props"配置选项。

参数的传递分两个步骤：

（1）传递参数：在组件的标签里添加要传递参数的参数名和参数值，格式如下：

<组件标签　参数名 1=参数值 1 [...参数名 n=参数值 n]> </组件标签>

格式说明：每个参数格式之间用空格隔开，参数名称必须与模板和 props 配置的参数名称相一致，参数个数也要相同。

例如：<stu id="002" name="李四" age="19"></stu>

（2）接收数据：声明 props 属性配置选项，主要有三种方法，本书主要讲述前两种，最后一种为完整格式，初学时较少使用。

格式一：字符串数组形式，单一接收数据，不对数据类型限制，不对数据进一步处理。

Props:['参数 1',...'参数 n']

此段代码写在组件的属性配置选项中。

例 2-25　组件传递学生信息参数，只接收数据，不做处理，代码如下所示：

```
<div id="root">
     <stu id="002" name="李四" age="19"></stu>
</div>
<script>
var stu=Vue.extend({
          template:`<div>
               <h3>学号:{{id}}</h3>
               <h3>姓名:{{name}}</h3>
               <h3>年龄:{{age}}</h3>
          </div>`,
          props:['id','name','age']
})
     var vm=new Vue({
          el:"#root",
          components:{'stu':stu}
     })
</script>
```

格式二：对象形式，可限制数据类型。

```
props: {
    参数名 1: type,
…
    参数名 n: type
  }
```

格式说明：数据类型是参数预期数据类型的构造函数。比如，如果要求一个参数的值是 number 类型，则可使用 Number 构造函数作为其声明的值。

type 可以是下面原生构造器或一个自定义构造器：

String

Number

Boolean

Array

Object

Date

Function

Symbol

例 2-26　程序中的 props 格式只做如下修改即可：

```
props:{
    id:String,
    name:String,
    age:Number
}
```

如果组件传递了错误的类型，会在浏览器控制台中抛出警告。

任务五　组件切换的实现

组件的切换就是对组件的显示与隐藏的功能处理，主要有两种方法：v-if 或 v-show 指令切换组件和 component 标签切换组件。

一、使用 v-if 和 v-show 指令控制组件的切换

```
<div id="root">
    <goods v-if="flag==true"></goods>
    <button @click="change">切换组件</button>
</div>
<script>
var goods=Vue.extend({
        template:`<div>
            <h3>我是组件 goods,使用 v-if 指令切换</h3>
        </div>`,
```

```
})
    var vm=new Vue({
        el:"#root",
        components:{goods},
        data:{
            flag:false
        },
        methods:{
            change(){
                this.flag=!this.flag
            }
        }
    })
</script>
```

此例中把 v-if 改为 v-show 可以达到相同效果。

二、使用 component 标签控制组件的切换（is 属性对应就是要显示的组件的名字）

```
<div id="root">
        <component :is="show?'comName1':'comName2'"></component>
        <button @click="show=!show">切换组件</button>
</div>

<script>
    var comName1={
        template:`<div>切换组件 1</div>`
    }
    var comName2={
        template:`<div>切换组件 2</div>`
    }
    var vm=new Vue({
        el:"#root",
        data:{
            show:true
        },
        components:{comName1,comName2}
    })
</script>
```

模块四　组件的高级应用

任务一　认识 mixins

混入（mixin）提供了一种非常灵活的方式来分发 Vue 组件中的可复用功能。一个混入对象可以包含任意组件选项。当组件使用混入对象时，所有混入对象的选项将被“混合”进入该组件本身的选项。

混入（混合）就是共用配置项，从多个组件共用的配置项抽离出一个混入对象，实现代码的复用性。

使用方法：

第一步：定义混入格式。

```
const mixinname={
data(){…}
        methods:{ …},
…
}
```

第二步：使用混入格式。

全局混入：Vue.mixin(mixinname)；

局部混入：mixins:[mixinname]。

有如下代码：

```
var com1=Vue.extend({
        template:`<div>
            <button @click="msg">我是组件 1</button>
        </div>`,
        methods:{
            msg(e){
                alert(e.target.innerText)
            }
        }
})
var com2=Vue.extend({
        template:`<div>
            <button @click="msg">我是组件 2</button>
        </div>`,
        methods:{
            msg(e){
                alert(e.target.innerText)
```

```
            }
        }
})
```

以上代码创建了两个组件 com1 和 com2,在这两个组件中都有一个相同功能的 msg 方法。在这种情况下，我们就可以使用 mixin（混入）的方法来实现代码的复用，修改代码如下：

```
const mixinmsg={
    methods:{
        msg(e){
            alert(e.target.innerText)
        }
    }
}
var com1=Vue.extend({
    template:`<div>
            <button @click="msg">我是组件 1</button>
            </div>`,
            mixins:[mixinmsg]
})
var com2=Vue.extend({
    template:`<div>
            <button @click="msg">我是组件 2</button>
            </div>`,
            mixins:[mixinmsg]
})
```

上述阴影部分代码创建一个 mixin 混入对象 mixinmsg，里面包含一个 msg 方法，然后在原来的 com1 和 com2 两个组件中建立一个新的配置项 mixins，将 mixmsg 混入对象作为数组参数传入到 mixins 中，从而实现了替换原来的 msg 方法。

mixin 混入使用注意事项：

（1）当组件和混合对象含有同名选项时，同名钩子函数被调用。另外，混合对象的钩子将在组件自身钩子之前调用。

（2）值为对象的选项，例如 methods，components 和 directives，将被混合为同一个对象。两个对象键名冲突时，取组件对象的键值对。

任务二　认识 render

render 是一个函数，通过参数 createElement 可以传递一个类似于 template 的结构。

vue 中的 render 函数返回的是一个虚拟节点 vnode，也就是我们要渲染的节点。通过传入 createElement 参数，创建虚拟节点，然后再将节点返回给 render 并返回出去。

render 语法格式：

```
render: function (createElement) {
            return createElement(
            vnode 参数列表
            )
        }
```

格式说明：vnode 参数列表主要有三种：

（1）1 个参数情况：组件名称。

```
render: function (createElement) {
            return createElement(组件名)
        }
```

实例代码：

```
var comp1={
                template:`<h2>我是组件<h2>`
}
var vm=new Vue({
      el:"#root",
      render(createElement) {
            return createElement(comp1)
      }
})
```

（2）2 个参数情况：标签和属性。

```
render: function (createElement) {
            return createElement('标签',{属性})
        }
```

实例代码：

```
render(createElement) {
      return createElement(
                'div',
                {
                'class':'div1',
                        domProps: {
                                'innerText':"div 文本"
                        }
                }
      )
}
```

这里的属性设置可以是 class、style、attrs 和 domProps 等数据对象。

（3）3 个参数情况：标签、属性和子结点。

```
render: function (createElement) {
        return createElement('标签',{属性},['虚拟子节点'])
    }
```

实例代码：

```
render(createElement) {
        return createElement(
            'div',
            {'class':'foo'},
            ["这是 Div 里的文本虚拟子结点",
                createElement("div","reateElement 子结点")
            ]
        )
}
```

虚拟子节点可以是“文本虚拟子节点”，也可以是 createElement()创建的子结点。

render 函数的作用：

（1）当场景中用 template 实现起来代码冗长烦琐而且有大量重复，这个时候使用就可以极大地简化代码。

例如，一次封装一套通用按钮组件，按钮有多个样式。此时使用 template 方式来编写时，在按钮少的时候还可以接受，但是一旦按钮数量变多，template 的写法就会显得特别冗长，这个时候就需要用 render 函数来实现以进行简化。

（2）能够在 Runtime-only 模式下正常使用。

在使用 vue-cli2 脚手架构建项目时，如果选择了 Runtime-only 模式，由于引入的 Vue 是一个精简版的 Vue，该版本没有 template 解析器，template 无法使用，此时用 render 函数则可以正常使用。

render 和 template 的区别：

相同之处：

render 函数跟 template 一样都是创建 html 模板。

不同之处：

（1）template 适合简单逻辑，render 适合逻辑复杂。

（2）使用 template 理解起来相对容易，但灵活性不足；自定义 render 函数灵活性高，但对使用者要求较高。

（3）render 的性能较高，template 性能较低。

（4）使用 render 函数渲染没有编译过程，相当于使用者直接将代码给程序。所以，使用它对使用者要求高，且易出现错误。

（5）Render 函数的优先级要比 template 的级别要高，但是要注意的是 Mustache（双花括号）语法就不能再次使用。

注意：template 和 render 不能一起使用，否则无效。

任务三　认识 createElement

Vue 提供了 createElement 来创建虚拟 dom，方便我们用函数化的方式来定义复杂的组件结构。在组件定义的时候，通常 render 函数的参数里都会带上该函数的引用，方便用户调用。

createElement 默认给用户传递 3 个参数，语法格式如下：

return createElement(参数 1，参数 2，参数 3)

格式说明：

参数 1（必要参数）：主要是用于提供 dom 中的 html 内容，类型可以是字符串、对象或函数。

参数 2（对象类型，可选）：用于设置这个 dom 中的一些样式、属性、传的组件的参数、绑定事件之类的。

参数 3（类型是数组，数组元素类型是 VNode，可选）：主要用于设置分发的内容，如新增的其他组件。

Vue 中 createElement 函数是作为参数传递给 reader 使用的，详细使用方法可以查看本项目的任务二：认识 reander 中对 createElement 函数的使用说明。

模块五　商品信息模块实现

传统的组件是静态渲染，数据更新需要操作 DOM。Vue 框架采用了 MVVM 模式来管理应用程序的数据模型（Model）和视图界面（View）的交互，即数据驱动视图，从而避免了操作 DOM。本模块以商品信息管理功能的设计过程来描述 MVVM 模式的结构组成与实现。

任务一　商品信息数据模型（Model）

Model：Vue 应用程序中的数据模型，通常是一个 JavaScript 对象或数组。这些数据模型被存储在 Vue 实例的 data 属性中。

通过对商品对象分析得到商品信息的一些主要属性，如表 2-6 所示。

表 2-6　商品信息属性表

属性名	属性类型	默认属性值
goodsId	商品编号（ID）	"1001"
goodsName	商品名称	"笔记本电脑"
goodsPrice	商品价格	4000
goodsType	商品类型	"电子产品"

设置 data 中各配置项说明如下。

goodInfo:[]　　//数组类型，存放商品信息的所有信息

goodId　　//字符串类型，用于存放 goodInfo 数组中的商品编号

goodName　　//字符串类型，用于存放 goodInfo 数组中的商品名称

goodPrice　　//整数类型，用于存放 goodInfo 数组中的商品价格
goodsType　　//字符串类型，用于存放 goodInfo 数组中的商品类型
Index　　　　//字符串类型,用于存放 goodInfo 数组中的下标值
Query　　　　//字符串类型,用于存放查询 goodInfo 数组中商品名称

完整 data 结构代码如下所示：

```
data: {
    goodsInfo: [{ goodsId: '1001', goodsName: '笔记本电脑', goodsPrice: 4000, goodsType: '电子产品' }],
    goodsId: '1001',
    goodsName: '笔记本电脑',
     goodsPrice: 4000,
     goodsType: "电子产品",
     index: '',
     query: '',
}
```

任务二　商品信息视图页面（View）

View：Vue 应用程序中的视图界面，通常是由 HTML 模板和 Vue 指令组成的。Vue 的模板语法允许开发人员在 HTML 中绑定数据和表达式，以实现动态更新。

一、商品信息页面双向绑定设计（v-model）

在商品信息页面中有五个 input 输入标签，data 中的数据需要传入到 input 标签中显示，反过来 input 的数据也会写入到 data 中改变 data 中的数据，因此这 5 个 input 标签需要设置为 v-model 双向绑定，绑定信息如表 2-7 所示。

表 2-7　商品信息数据绑定表

绑定标签	绑定数据	绑定类型
商品 ID：input	goodsId	v-model
商品名称：input	goodsName	v-model
商品价格：input	goodsPrice	v-model
商品类型：input	goodsType	v-model
输入商品名称：input	query	v-model

二、商品信息页面列表渲染（v-for）

商品信息页面中需要一个表格来显示商品的所有信息，商品信息是一个数组结构，需要使用 v-for 来列表渲染 goodInfo 的信息。此时不能直接渲染 goodInfo 数组，需要结合查询输入框的变化来同步显示 goodInfo 的信息，因此需要对 goodInfo 的信息过滤查询框的内容，使其能同步显示 goodInfo 的动态信息。由于使用了过滤器，goodInfo 动态发生变化，也就是重新

计算了 goodInfo 的信息，所以还需要一个计算属性 ComputedList 来取得动态结果，代码结构如下：

```
computed: {                              // 计算属性
            ComputedList() {
                var vm = this.query     // 获取到 input 输入框中的内容
                var nameList = this.goodsInfo       // 数组
                return nameList.filter(function (item) {
                    return  item.goodsName.toLowerCase().indexOf(vm.toLowerCase()) !
== -1
                })
            }
  }
```

在计算属性 ComputedList()里存放的就是一个动态的 goodInfo 数据，所以表格在列表渲染的就是 ComputedList 计算属性，代码如下：

```
<tr align="center" v-for="(item,index) in ComputedList" :key="item.name"
:data-index="index">
```

三、商品信息页面事件绑定(v-on)

在商品信息页面中处理事件的标签主要是 4 个按钮，4 个按钮对应的事件信息如表 2-8 所示。

表 2-8 商品信息页面主要处理事件

按钮	事件名称	事件函数	事件功能
添加商品	click	add	添加商品信息
确认修改	click	changeAdd(index)	input 标签最新数据写入 goodInfo 当前行
删除	click	del(index)	删除 goodInfo 指定 index 下标的数据
修改	click	change(index)	将 goodInfo 当前行的数据写入到 input 标签

商品信息页面视图结构完整代码如下所示：

```
<div id="app">
        <p>
            商品 ID：<input type="" name="" id="" value="" v-model="goodsId" />
            商品名称：<input type="" name="" id="" value="" v-model="goodsName" />
            商品价格：<input type="" name="" id="" value="" v-model="goodsPrice" />
            商品类型：<input type="number" name="" id="" value="" v-model="goodsType" />
            <button type="button" v-on:click="add">添加商品</button>
            <button type="button" @click="changeAdd(index)">确认修改</button>
        </p>
        <p>输入商品名称：<input  placeholder="请输入要查找的内容"  v-model="query">
</p>
```

```
<table border="1" cellspacing="0" cellpadding="0" width="88%">
    <tr>
        <th>商品 ID：</th>
        <th>商品名称：</th>
        <th>商品价格：</th>
        <th>商品类型：</th>
        <th>操作</th>
    </tr>
     <transition-group  name="item"  tag="tbody"  @before-enter="beforeEnter"
@enter="enter" @leave="leave"
        v-bind:css="false">
        <tr align="center" v-for="(item,index) in ComputedList" :key="item. name":
data-index="index">
            <td>{{item.goodsId}}</td>
            <td>{{item.goodsName}}</td>
            <td>{{item.goodsPrice}}</td>
            <td>{{item.goodsType}}</td>
            <td><button type="button" v-on:click="del(index)">删除</button><button
type="button"
                    v-on:click="change(index)">修改</button></td>
        </tr>
    </transition-group>
</table>
</div>
```

任务三　商品信息视图数据模型（ViewModel）

ViewModel：Vue 应用程序的核心，它是一个 Vue 实例，充当 Model 和 View 之间的桥梁。ViewModel 负责管理数据和行为，它可以将 Model 数据绑定到 View 上，同时也可以响应 View 上的事件和用户交互。ViewModel 中包含了一个 Watcher 和 Directive，它们可以监听 Model 数据的变化，并自动更新 View。

商品信息管理模块 Vue 实例对象完整代码如下所示：

```
<script>
    let vm = new Vue({
        el: '#app',
        data: {
            goodsInfo: [{ goodsId: '1001', goodsName: '笔记本电脑', goodsPrice: 4000,
goodsType: '电子产品' }],
            goodsId: '1001',
```

```
            goodsName: '笔记本电脑',
            goodsPrice: '4000',
            goodsType: "电子产品",
            index: '',
            query: '',
        },
        methods: {
            add() {
                var goods = { goodsId: this.goodsId, goodsName: this. goodsName,
goodsPrice: this.goodsPrice, goodsType: this.goodsType }
                this.goodsInfo.push(goods)
            },
            del(index) {
                this.goodsInfo.splice(index, 1)
            },
            change(index) {
                this.goodsId = this.goodsInfo[index]["goodsId"]
                this.goodsName = this.goodsInfo[index]["goodsName"]
                this.goodsPrice = this.goodsInfo[index]["goodsPrice"]
                this.goodsType = this.goodsInfo[index]["goodsType"]
                this.index = index
            },
            changeAdd(index) {
                if (this.index == '') {
                    this.add()
                }
                else {
                    this.goodsInfo[index]["goodsId"] = this.goodsId
                    this.goodsInfo[index]["goodsName"] = this.goodsName
                    this.goodsInfo[index]["goodsPrice"] = this.goodsPrice
                        this.goodsInfo[index]["goodsType"] = this.goodsType
                }

            },
            beforeEnter(el) {
                el.style.opacity = 0
                el.style.height = 0
            },
            enter(el, done) {
```

```
                var delay = el.dataset.index * 150
                setTimeout(function () {
                    Velocity(el, { opacity: 1, height: '1.6em' }, { complete: done })
                }, 2000)
            },
            leave(el, done) {
                var delay = el.dataset.index * 150
                setTimeout(function () {
                    Velocity(el, { opacity: 0, height: 0 }, { complete: done })
                }, 2000)
            }
        },
        computed: {                          // 计算属性
            ComputedList() {
                var vm = this.query    // 获取到 input 输入框中的内容
                var nameList = this.goodsInfo       // 数组
                return nameList.filter(function (item) {
                     return  item.goodsName.toLowerCase().indexOf(vm.toLowerCase()) !
== -1
                })
            }
        },
    })
</script>
```

小　结

Vue.js 是一个流行的 JavaScript 框架，用于构建用户界面，以下是本项目对 Vue 学的知识汇总：

数据绑定：Vue.js 使用数据劫持和发布订阅模式来实现响应式数据绑定。当数据发生改变时，视图将自动更新。

组件系统：Vue.js 使用组件系统来构建应用程序。组件是自定义元素，通过 Vue 实例或另一个组件实例化并管理。

模板语法：Vue.js 提供了简洁的模板语法，用于声明式渲染。你可以使用插值（{{}}）、指令（v-if, v-for, v-on 等）和过滤器（|）等在模板中构建动态内容。

指令：Vue.js 提供了多种内置指令，如 v-if、v-for、v-on 等。这些指令可以用于操作 DOM 和处理事件。

习　题

一、选择题

1. 以下哪个属性不会在 Vue 实例的配置中用到？（　　）。

　A. data　　B. created

　C. mounted　　D. extended

2. Vue 生命周期中，哪个阶段会创建和初始化数据？（　　）。

　A. beforeCreate　　B. created

　C. mounted　　D. destroyed

3. 以下哪个指令用于监听 DOM 事件？（　　）。

　A. v-on　　B. v-model

　C. v-bind　　D. v-html

4. 以下哪个指令用于双向绑定数据？（　　）。

　A. v-on　　B. v-model

　C. v-bind　　D. v-html

5. 以下哪个指令用于单向绑定数据？（　　）。

　A. v-on　　B. v-model

　C. v-bind　　D. v-html

6. 以下哪个选项不属于 Vue 实例的常见配置？（　　）。

　A. data　　B. methods

　C. created　　D. mount

7. 在 Vue 实例的生命周期钩子中，哪个钩子会在实例被创建后立即调用？（　　）。

　A. beforeCreate　　B. created

　C. mounted　　D. destroyed

二、编程题

1. 创建一个 Vue 实例，并指定挂载的 DOM 元素为 id 为 my-app 的元素。

2. 定义一个 Vue 实例的数据对象，其中包含 name 和 age 两个属性。

3. 在第 2 题的基础上，定义一个 Vue 实例的 methods 对象，其中包含一个 sayHello 方法，该方法在被调用时输出一句问候语。

4. 在第 3 题的基础上，定义一个 Vue 实例的 computed 对象，其中包含一个计算属性 fullName，该属性将被设置为 name 和 age 的组合。

项目三　优化商品信息管理项目

【项目简介】

Vue 通过全局 API（Application Programming Interface，应用程序接口）、实例属性、过渡和动画等方式为开发者提供了强大的功能支持，方便开发者更好地完成精美前端界面的开发。

Vue 的全局 API 是应用程序编程接口，是 Vue 提供给开发者的一套指令和方法，对应的功能包括构造子类、插件安装、对象响应、Vue 版本获取、注册指令等。

实例属性（property）是指 Vue 实例对象的属性，是 Vue 实例可以直接调用的属性，它们为开发者提供有效的数据支持。

Vue 在插入、更新或者移除 DOM 时，提供了多种方式的应用过渡效果。

【知识梳理】

Vue.js 的全局 API：Vue 框架提供给开发者的一套指令和方法，开发者可以使用这些 API 来控制和管理 Vue.js 应用程序，具体包括 Vue.directive、Vue.set、Vue.use 等 12 个。

实例属性：包括 vm.$props、vm.$el、vm.$root 等 13 个，这些属性提供了访问和操作 Vue 实例的不同方面的方法。

过渡和动画：过渡是指元素状态的变化，动画是指元素位置的变化。

【学习目标】

（1）掌握 Vue 提供的常用全局 API 的用法。

（2）掌握 Vue 实例属性中常用属性的用法。

（3）了解过渡和动画的含义。

（4）熟悉单元素、多元素、多组件、列表的过渡和动画。

【思政导入】

Vue 通过全局 API、实例属性、过渡和动画等方式为开发者提供了丰富的功能，开发者可以据此完成精美页面的开发，这里可以通过案例教学，培养学生精益求精的工匠精神。另外，本项目选取了常用的全局 API 和实例属性进行讲解，课后可以要求学生通过 Vue 官网手册，自主学习未讲解到的内容，培养学生主动学习的精神。

【能解决的问题】

（1）能够正确使用全局 API 函数。

（2）能够正确使用 Vue 实例属性和方法。

（3）能够根据实际情况合理使用过渡类型和动画类型。

（4）能够完成商品信息管理功能的开发。

模块一　全局 API

API 是程序开发者设置定义的软件程序交互方式、规则、协议等。Vue.js 的 API 是框架提供给开发者的一套指令和方法，开发者可以使用这些 API 来控制和管理 Vue.js 应用程序。Vue 的全局 API 是在构造器之外，需要直接声明的全局变量，通过 Vue 提供的 API 函数来实现一些新功能。Vue 内置了一些全局 API，包括 Vue.directive、Vue.use、Vue.version、Vue.component 等。

任务一　Vue.directive

Vue 中有 v-modle、v-bind、v-on、v-if 等多个内置指令，此外也支持开发者自定义指令。Vue.directive 函数支持全局或局部注册自定义指令，方便了开发者对 DOM 元素进行底层的操作。

Vue.directive 注册自定义指令时提供了可选钩子函数，包括 bind、inserted、update、componentUpdated、unbind 等，注册定义用法如下：

```
<script>
// 注册自定义指令
Vue.directive('指令名', {
// 可选钩子函数 bind、inserted、update、componentUpdated、unbind
bind: function () {},
inserted: function () {},
update: function () {},
componentUpdated: function () {},
unbind: function () {}
})
<script>
```

钩子函数可以根据实际需要使用，钩子函数的功能如下：

bind：只调用一次的函数，仅当指令首次绑定到元素的时候调用，可以通过 bind 函数进行初始化设置。

inserted：当被绑定的元素插入父节点的时候才被调用。

update：当被绑定的元素发生模板更新的时候才被调用，比较更新前后的绑定值，绑定值未发生改变则减少模板的更新。

componentUpdated：当被绑定的元素发生一次模板更新的时候才会被调用。

unbind：只调用一次的函数，仅当指令与元素接触绑定的时候调用。

为了更好地理解 Vue.directive 函数的用法，这里提供一个加载页面时自动聚焦到提交按钮的示例，通过注册一个 v-focus 的全局自定义指令来实现，具体代码如下所示，浏览器打开效果如图 3-1 所示。

```
<body>
<div id="app2">
```

```
        <h2>加载该页面，自动聚焦到提交按钮</h2>
        <input v-focus type='submit' value='提交'>
    </div>
    <script>

    // 注册自定义指令 v-focus
    Vue.directive('focus', {
      inserted: function (el) {   // 使用钩子函数 inserted
        el.focus()
      }
    })

    // 创建根实例
    new Vue({
      el: '#app2'
    })
    </script>
    </body>
```

图 3-1　Vue.directive 案例

任务二　Vue.set

在开发过程中，开发者需要向对象或数组中添加新的属性或者元素时，直接添加的不会被响应式系统所监测到，并且不会触发视图的更新，也就是不会在页面中展现。为了解决这一问题，Vue 提供了 Vue.set 函数，用于向响应式对象中添加新的数据或元素，实现了新添加的数据或元素能够触发视图更新，可以在页面中展现。Vue.set 的用法为 Vue.set (target, name, value)，target 为对象或者数组（必须在 data 中预先声明），name 为响应式属性的名称（类型为字符串），value 为响应式属性的值（任意类型）。

为了更好理解 Vue.set 函数的用法，这里提供一个为数组 students 添加一个年龄 age 的属性示例，具体代码如下，浏览器打开效果如图 3-2 所示。

```
<body>
<div id="app3">
        <h1>姓名 ：{{students.name}}</h1>
        <h1>性别: {{students.sex}}</h1>
        <h1>年龄 ：{{students.age}}</h1>
</div>

<script>
var students = {name: "张三",sex: "男"}
var vm = new Vue({
    el: '#app3',
    data: {
    students: students
    }
    });
Vue.set(students, "age", 20);
</script>
</body>
```

图 3-2　Vue.set 案例

任务三　Vue.extend

Vue.extend 是 Vue 为开发者提供的用于创建可重复使用的组件或子类构造器，参数是一个包含组件选项的对象。开发者通过 Vue.extend 可以创建一个组件的构造函数，这个创建的函数可以继承父组件的数据和方法，也可以添加自定义的属性和方法，最后利用该函数创建子组件。Vue.extend 构造器可以创建可重复使用的子组件，还能快速创建组件实例，减少代码量，提高项目开发的效率。Vue.extend 的用法为 Vue.extend(options)，options 为一个包含组件选项的对象。注意，Vue.extend() 中的 data 选项必须是函数。

为了更好理解 Vue.extend 函数的用法，这里提供一个简单重复创建组件实例的示例，具体代码如下所示，浏览器打开效果如图 3-3 所示。

```
<body>
<div id="app4_1">
      <h1>产品价格 : {{prices}}</h1>
  </div>
<div id="app4_2">
        <h1>产品类别 : {{type}}</h1>
  </div>
<script>
//   创建构造器
     var Vue4 = Vue.extend({
// data  必须是函数
     data: function() {
     return {
        prices: "13.5 元",
        type: "猪肉"
           }
         }
});
// 创建实例
     var vm4_1 = new Vue4({
           el: '#app4_1'
       })
       var vm4_2 = new Vue4({
             el: '#app4_2'
       })
</script>
</body>
```

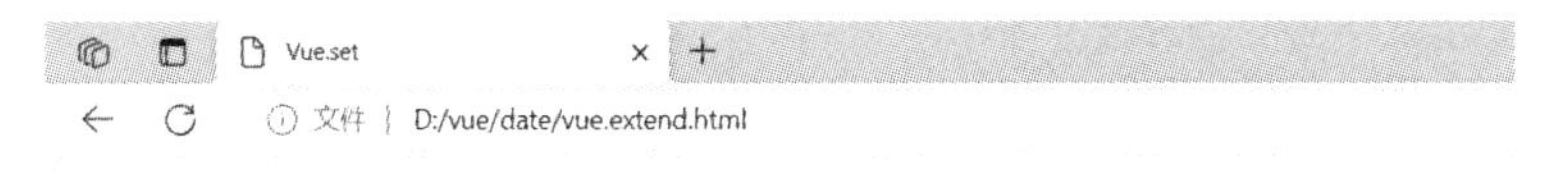

图 3-3　Vue.extend 案例

任务四　Vue.mixin

Vue.mixin 是 Vue 为开发者提供的用于提取组件的逻辑或配置并混入到其他组件中使用的函数，是一种分发 Vue 组件中可复用功能的非常灵活的方式。开发者通过 Vue.mixin 可以将任意组件的选项合并到一个单独的对象中，然后将其运用到多个组件中。Vue.mixin 的用法为 Vue.mixin(mixin)，mixin 为被创建对象的名称。

为了更好理解 Vue.mixin 函数的用法，这里提供一个自定义类型为对象的 OnePlugin 插件的示例，具体代码如下所示，浏览器打开效果如图 3-4 所示。

```
<body>
<div id="app5"></div>

<script>
// 处理实例中的 Onemixin 属性
Vue.mixin({
// 获取实例中的 Onemixin 属性值并转换为大写输出
   created() {
   var Onemixin = this.$options.Onemixin
   if (Onemixin) {
   console.log(Onemixin.toUpperCase())
      }
    }
  })
  var vm = new Vue({
// 自定义 Onemixin 属性
  Onemixin: 'vue mixin'
    })
</script>
</body>
```

图 3-4　Vue.mixin 案例

任务五　Vue.use

Vue.use 是 Vue 为开发者提供的插件安装器，开发者通过 Vue.use 可以安装 ElementUI、MintUI、axios、Vuex、VueRouter 等相关插件。Vue.use 的用法为 Vue.use(plugin)，plugin 为被安装插件的名称。被安装的插件可以是函数，也可以是对象。如果是对象，则必须提供 install() 方法来安装插件；如果是函数，则被视为 install 方法。调用 Vue.use()之后，插件的 install 方法就会默认接收到一个参数，这个参数就是 Vue，该方法需要在调用 new Vue()之前被调用。值得注意的是，当 install 方法被同一个插件反复多次调用时，该插件将仅会被允许安装一次。

为了更好理解 Vue.use 函数的用法，这里提供一个自定义类型为对象的 OnePlugin 插件的示例，具体代码如下所示，浏览器打开效果如图 3-5 所示。

```
<body>
      <div id="app6" v-styles> </div>
<script>
// 自定义一个类型为对象的 OnePlugin 插件
    let OnePlugin = {}
// 设置对象类型插件的 install()方法
    OnePlugin.install = function(Vue, rst) {
    console.log(rst)
// 在插件中添加自定义指令  v-styles
    Vue.directive("styles", {
    bind(el, binding) {
// 将自定义指令 v-styles 绑定到 DOM 元素并设置样式
    el.style = 'width:200px;height:120px;background-color:#FF0000;'
                }
      })
    }
    Vue.use(OnePlugin, {rst: true})
    var vm = new Vue({
    el: "#app6"
    })
</script>
</body>
```

图 3-5　Vue.use 案例

模块二　实例属性

Vue 实例是通过 new Vue({ })创建的 Vue 对象，Vue 的实例属性（property）是指 Vue 实例对象的属性，是 Vue 实例可以直接调用的属性。为了区分这些属性和方法，通过添加前缀$符号进行区分，例如 vm.$props、vm.$el、vm.$root 等。

任务一　vm.$props

vm.$props 的作用是接收上级组件向下传递的数据，即当前组件接收到的 props 对象。为了更好理解实例 vm.$props 的用法，这里提供一个打印数据的示例，具体代码如下所示，浏览器打开效果如图 3-6 所示。

```
body>
    <div id="app7">
        <!-- AProduct 自定义组件写成 A-Product, -->
        <A-Product :type="type" :producer="producer"></A-Product>
        <!--type 和 producer 是子组件中 props 定义的属性，用于接收父组件的数据   -->
    </div>
    <template id="AProduct">
        <div>
            <p>我是子组件 A-product</p>
            <p>接收到的产品类别数据：{{type}}</p>
            <p>接收到的产地信息数据：{{producer}}</p>
            <p>{{WriteProducts()}}</p>
        </div>
    </template>
    <script>
        Vue.component('AProduct', {
            //自定义组件 AProduct
            template: '#AProduct',
            props: ['type', 'producer'],
            // 使用 props 定义 type 和 producer 属性
            methods: {
                WriteProducts() {
                    document.write('.$props:'+this.$props.producer);
                    //vue 实例代理了对其 props 对象属性的访问
                }
            }
```

```
            });
            var vm = new Vue({
                el: "#app7",
                data() {
                    return {
                        type: {
                            one: '食品',
                            two: '生鲜',
                            three: '水果'
                        },
                        producer: ['重庆市', '永川区', '朱沱镇']
                    }
                }
            });
        </script>
    </body>
```

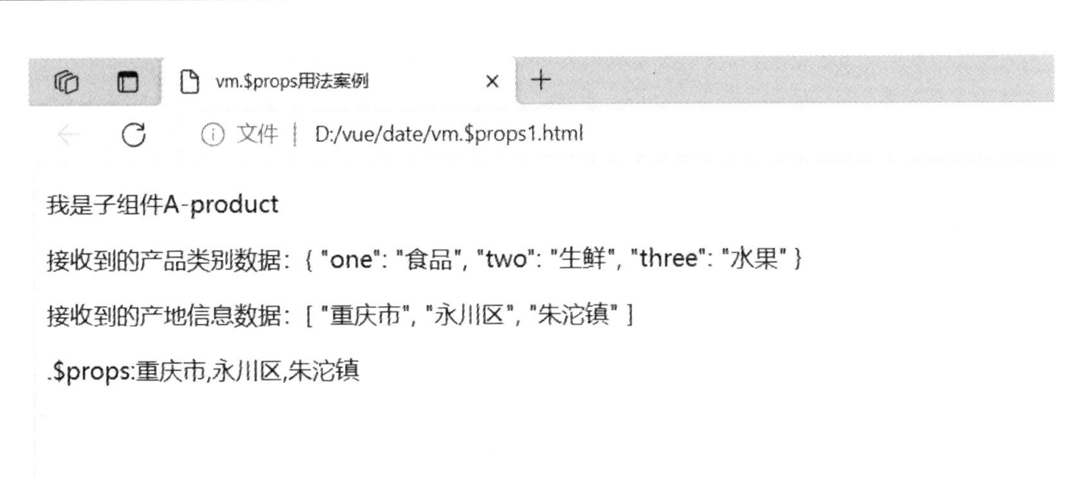

图 3-6 vm.$props 案例

任务二 vm.$options

vm.$options 的作用是帮用户获取 Vue 实例中 el、data、methods 等固定选项，还可以获取自定义选项，并且自定义选项的内容可以是数值、数组、对象、函数等。为了更好理解实例 vm.$options 的用法，这里提供一个价格计算器的示例，具体代码如下所示，浏览器打开效果如图 3-7 所示。

```
    body>
        <div id="app8">
        </div>
        <script>
            var vm = new Vue({
                el: "#app8",
                data: {
                    ProductName: "西瓜",
                    producer: "重庆市永川区五间镇",
                    price: "2.5"
                },
                created: function counter() {
                    //自定义一个 counter()计算总价的函数
                    var Totalprice = this.price * this.$options.weight;
                    //通过$options 获取重量 weight 的值
                    document.write('总价:' + Totalprice)
                    //打印计算结果
                },
                weight: 25,
                //自定义属性：重量 weight
                methods: {
                    writes() {
                        //自定义函数
                        document.write('<br>这是自定义 writes()方法')
                    }
                }
            })
            document.write('<br>这是 data 外自定义属性 weight 的值:' + vm.$options.
weight);
            //vm.$options 获取自定义属性 weight 的值并打印出来
            vm.$options.methods.writes();
            //vm.$options 获取自定义属性函数 writes()并执行
        </script>
    </body>
```

总价:62.5
这是data外自定义属性weight的值:25
这是自定义writes()方法

图 3-7　vm.$options 案例

任务三　vm.$el

vm.$el 的作用是在 Vue 实例之后获取实例的根 DOM 元素，然后可以根据实际需要进行绑定、修改等相关操作。为了更好理解实例 vm.$el 的用法，这里提供一个打印修改的示例，具体代码如下所示，浏览器打开效果如图 3-8 所示。

```
body>
    <div id="app9">
            {{abc}}
        </div>
        <script>
            var vm = new Vue({
                el: "#app9",
                data: {
                    abc: "这是根标签"
                }
            })
            document.write('根标签的原值:' + vm.$el.innerHTML);
            //获取根标签原来的值
            vm.$el.innerHTML = '修改后的根标签';
        </script>
</body>
```

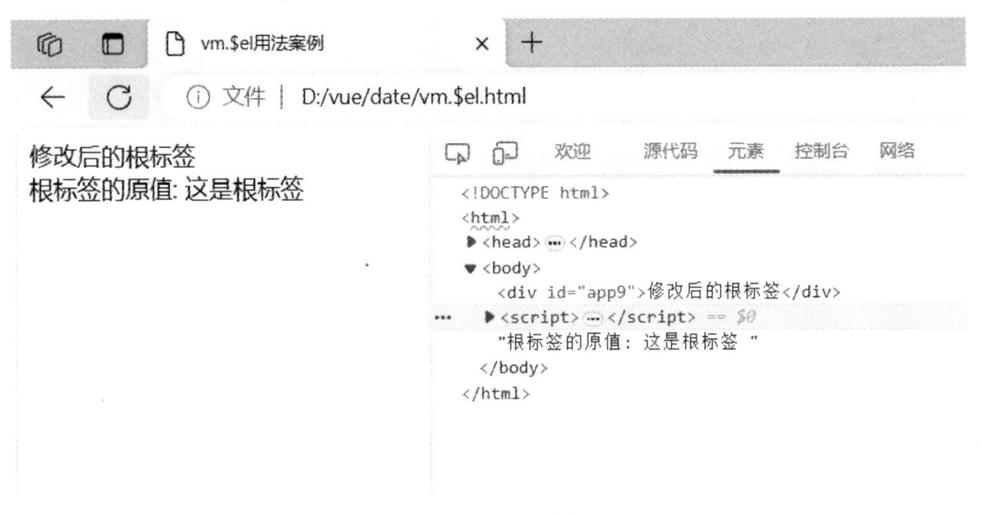

图 3-8 vm.$el 案例

任务四 vm.$refs

vm.$refs 的作用是获取进行了 ref 注册的页面 DOM 元素和组件。具体来说页面中进行了 ref 注册的所有 DOM 元素都可以被获取，如果 ref 注册的名字相同则获取最后一个，组件也是如此（可使用组件中的所有方法）。为了更好理解实例 vm.$refs 的用法，这里提供一个打印该属性的示例，具体代码如下所示，浏览器打开效果如图 3-9 所示。

```
body>
    <div id="app10">
        <h2 ref="ref1">{{ProductName}}</h2>
        <p ref="ref2">{{Producer}}</p>
        <A-Product ref="ref3"></A-Product>
    </div>
    <template id="AProduct">
        <div>
            <p>{{WriteProducts()}}</p>
        </div>
    </template>
    <script>
        Vue.component('AProduct', {
            //自定义组件 AProduct
            template: '#AProduct',
            methods: {
                WriteProducts() {
                    document.write('售卖价格约为 3 元每斤');
                }
```

```
                }
            });
            var vm = new Vue({
                el: "#app10",
                data: {
                    ProductName: "永川桂圆",
                    Producer: "重庆市永川区朱沱镇"
                }
            });
            console.log(vm.$refs);
            //打印 vm.$refs 的值，是包括当前已进行 ref 注册的 DOM 元素和组件的集合
        </script>
    </body>
```

图 3-9　vm.$refs 案例

任务五　vm.$root

vm.$root 的作用是获取当前组件树的根 Vue 实例，如果当前实例没有父实例，则获取到的是该实例自身。为了更好理解实例 vm.$root 的用法，这里提供一个打印该属性的示例，具体代码如下所示，浏览器打开并点击“查看根 Vue 实例”，效果如图 3-10 所示。

```
    body>
        <div id='app11'>
            <a-root></a-root>
        </div>
        <script>
            Vue.component('a-root', {
                template: "<button @click='root'>查看根 Vue 实例</button>",
                methods: {
                    root() {
```

```
                    var rst = (this.$root === vm.$root) ? "相同" : "不同"
                        //三元表达式判断是否是同一个 Vue 实例对象
                    document.write('<br>' + rst)
                        //打印判断结果
                    document.write(this.$root.aroot)
                        //获取并打印实例中 aroot 的数据
                }
            }
        })
        var vm = new Vue({
            el: '#app11',
            data: {
                aroot: "我是 vm.$root"
            }
        })
console.log(vm.$root)
         //控制台打印 Vue 实例对象
        console.log(vm.$root.$el)
            //控制台打印 Vue 实例的根标签
    </script>
</body>
```

图 3-10　vm.$root 案例

任务六　vm.$slots

vm.$slots 是一个对象，其作用是访问被插槽分发的内容，每个具名插槽（是指设置了具体名称的插槽，没有设置插槽名称的称为匿名插槽）有其相应的属性。插槽的指令是 v-slot，是子组件中提供给父组件的一个占位符，也可以理解成通过$slots 可以获取定义在组件内部的 template 模板。插槽内容是 Vue 提供的一套内容分发的 API，将<slot>元素作为承载分发内容的出口。值得注意的地方是插槽不是响应性的，如需一个组件可以在被传入的数据发生变化时重新渲染，通过 props 或 data 等响应性实例选项实现。为了更好理解实例 vm.$slots 的用法，这里提供一个商品类别导航的示例，具体代码如下所示，浏览器打开效果如图 3-11 所示。

```
body>
    <div id='app12'>
        <A-Product>
            <template v-slot:fruit>
                <a href="#">水果</a>
            </template>
            <!--使用 template 模板结构定义插槽，v-slot 为插槽命名，fruit 为插槽名称-->
            <template v-slot:nut>
                <a href="#">坚果</a>
            </template>
            <template v-slot:drink>
                <a href="#">饮料</a>
            </template>
        </A-Product>
        <template id="AProduct">
            <div>
                <slot name="fruit"></slot>
                 <!-- slot 元素通过 name 实现指定名称插槽的使用-->
                <slot name="nut"></slot>
                <slot name="drink"></slot>
            </div>
        </template>
    </div>

    <script>
        Vue.component('AProduct', {
            //定义组件 AProduct
            template: "#AProduct"
        })
        var vm = new Vue({
            el: '#app12'
        })
        console.log(vm.$slots)
            //控制台打印 vm.$slots，类型为对象
    </script>
</body>
```

图 3-11　vm.$slots 案例

任务七　vm.$attrs

vm.$attrs 的作用是传递父组件的属性给子组件，传递的属性信息不包括 props 中声明的属性、class、style。vm.$attrs 是 vue 官方从 v2.4.0 版本新增的，为了解决多层嵌套组件属性传递中重复使用 props 的问题，通过$attrs 可以向子组件、孙组件及其下层组件传递父组件的属性。为了更好理解实例 vm.$attrs 的用法，这里提供一个商品类别导航的示例，具体代码如下所示，浏览器打开效果如图 3-12 所示。

```
body>
    <div id="app13">
        <A-Product: props1="props1" id="attrs" name="vm"></A-Product>
        <!--props1 为 props 定义属性不被传递  id 和 name 可以被传递-->
    </div>
    <template id="AProduct">
        <div>
            <p>{{props1}}</p>
            <p>{{attrs()}}</p>
        </div>
    </template>
    <script>
        Vue.component('AProduct', {
            template: '#AProduct',
            props: ['props1'],
            // 使用 props 定义 props1 属性
            methods: {
                attrs() {
                    console.log(this.$attrs);
```

```
                        //控制台打印$attrs 的值
                    }
                }
            });
            var vm = new Vue({
                el: "#app13",
                data() {
                    return {
                        props1: "attrs 传递不包括 props"
                    }
                }
            });
        </script>
    </body>
```

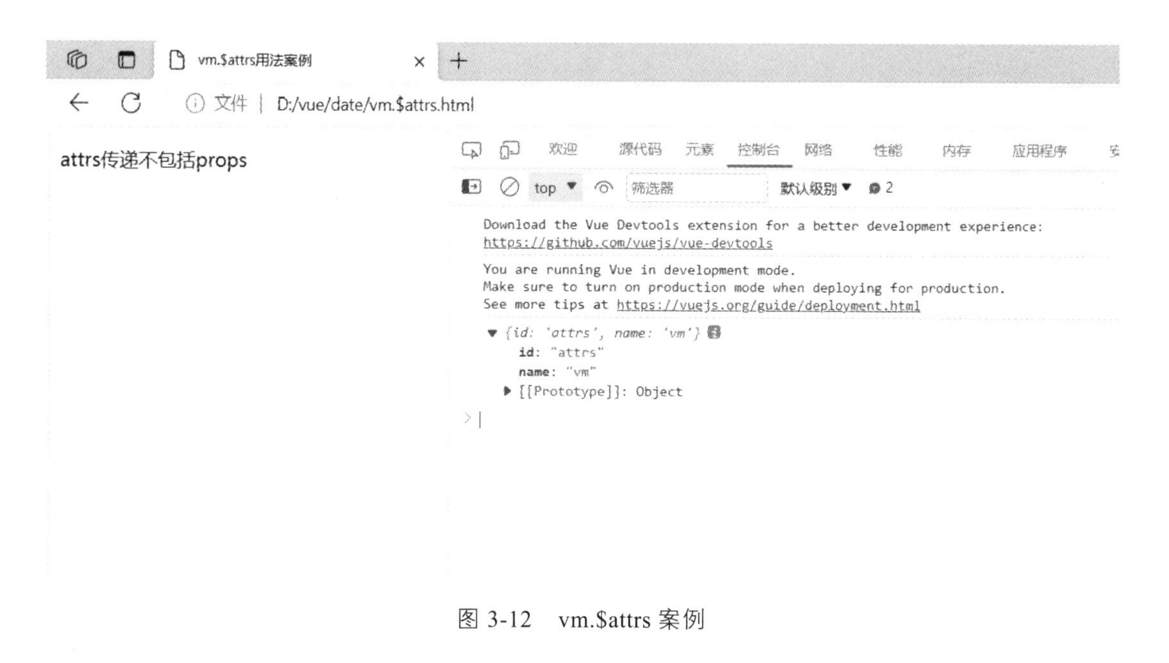

图 3-12　vm.$attrs 案例

模块三　过渡和动画

任务一　认识过渡和动画

一、过渡和动画概述

在前端项目开发过程中，过渡通常是指元素状态的变化（例如，横线的颜色由黑色变成蓝色），动画是指元素位置的变化（例如，横线的位置由顶部下降到底部）。Vue 在插入、更新或者移除 DOM 时，提供了多种方式的应用过渡效果。具体来讲，支持在 CSS 过渡和动画中自动应用 class，支持使用 Animate.css 等第三方 CSS 动画库，支持在过渡钩子函数中使用 JavaScript 直接操作 DOM，支持使用 Velocity.js 等第三方 JavaScript 动画库。简而言之，在 Vue 中，用户可以根据元素的状态和所处的阶段，设置过渡类型和动画类型。

二、transition 组件

Vue 提供了 transition 的封装组件，在条件渲染（使用 v-if）、条件展示（使用 v-show）、动态组件、组件根节点这些情形下可以给任何元素和组件添加进入或者离开的过渡效果。transition 组件的内部提供了 6 个 class 切换的方式，包括 3 个进入过渡的类和 3 个离开过渡的类，具体如表 3-1 所示。

表 3-1　6 个过渡的类名及其定义

类名	过渡状态	定义
v-enter	进入过渡	定义进入过渡的开始状态
v-enter-active		定义进入过渡生效时的状态
v-enter-to		定义进入过渡的结束状态
v-leave	离开过渡	定义离开过渡的开始状态
v-leave-active		定义离开过渡生效时的状态
v-leave-to		定义离开过渡的结束状态

上述表格中 6 个过渡类的原理如图 3-13 所示，其具体作用如下：

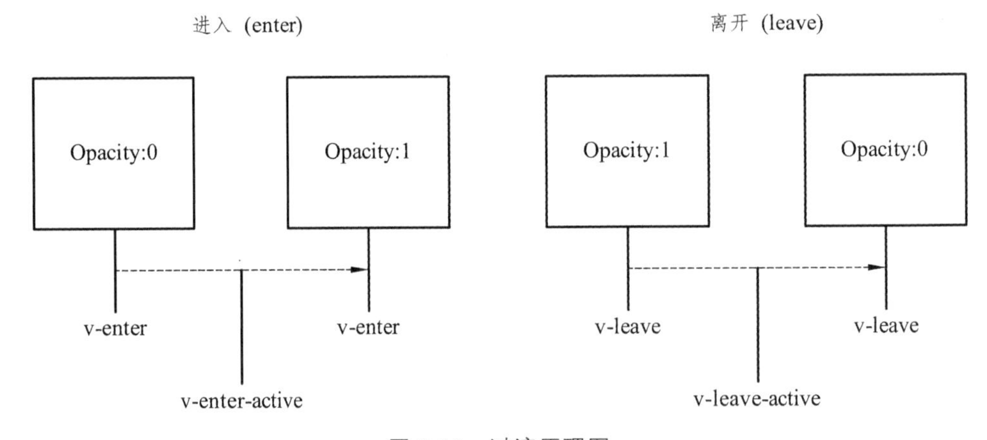

图 3-13　过渡原理图

v-enter：在元素被插入之前生效，在元素被插入之后的下一帧移除，作用于进入开始的那一帧。

v-enter-active：在整个进入过渡的阶段中应用，在元素被插入之前生效，在过渡和动画完成之后移除，作用于整个进入的过程。

v-enter-to：在元素被插入之后下一帧生效（与此同时 v-enter 被移除），在过渡和动画完成之后移除，作用于进入的最后一帧。

v-leave：在离开过渡被触发时立刻生效，下一帧被移除，作用于开始离开的那一帧。

v-leave-active：在整个离开过渡的阶段中应用，在离开过渡被触发时立刻生效，在过渡和动画完成之后移除，作用于整个离开的过程。

v-leave-to：在离开过渡被触发之后下一帧生效（与此同时 v-leave 被删除），在过渡和动画完成之后移除，作用于离开的最后一帧。

为了更好理解这 6 个过渡类的用法，这里提供一个正方形缩放的示例，具体代码如下所示，打开浏览器，初始状态如图 3-14 所示，点击按钮后如图 3-15 所示，再次点击按钮后如图 3-16 所示。

```
<!DOCTYPE html>
<html>
<head>
    <meta charset="utf-8">
    <title>6 个过渡类用法</title>
    <script src="vue.js"></script>
    <style>
        .square {
            /*正方形初始状态，长宽均为 100，颜色为蓝色*/
            width: 100px;
            height: 100px;
            background-color: blue;
        }
        .square-enter-active,.square-leave-active {
            /* 进入和离开过程动画时长*/
            transition: 4 s;
        }
        .square-enter,.square-leave-to {
            /*进入开始状态和离开结束状态*/
            width: 10px;
            height: 10px;
            background-color: blueviolet;
        }
        .square-enter-to, .square-leave {
            /*进入结束状态和离开开始状态*/
            width: 300px;
            height: 300px;
            background-color: brown;
        }
    </style>
```

```
<body>
    <div id="app14">
        <button @click="isshow">点击图形发生变化</button>
        <transition name="square">
            <div class="square" v-if="show"></div>
        </transition>
    </div>
    <script>
        var vm = new Vue({
            el: "#app14",
            data: {
                show: true
            },
            methods: {
                isshow() {
                    this.show = !this.show
                        //非运算，每次取反，结合 v-if 运用
                }
            }
        })
    </script>
</body>
</html>
```

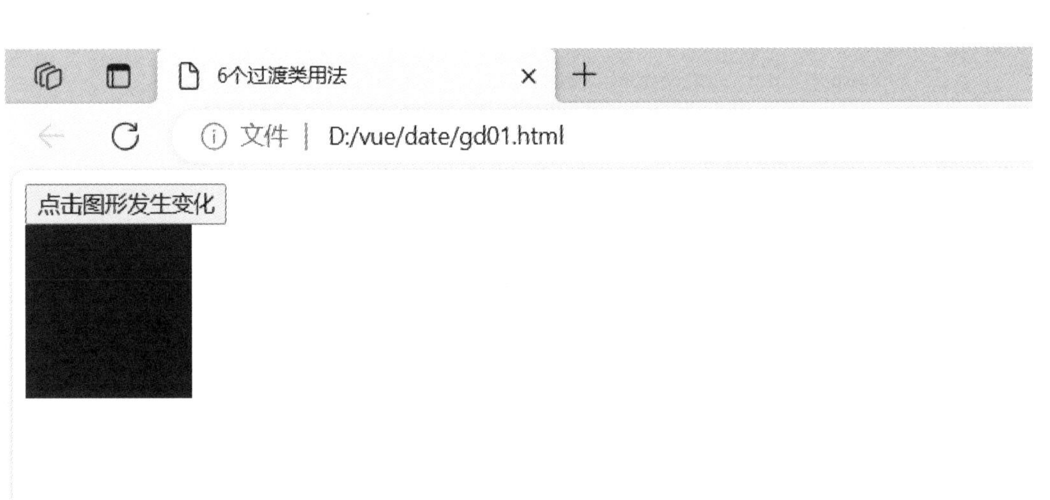

图 3-14　初始状态

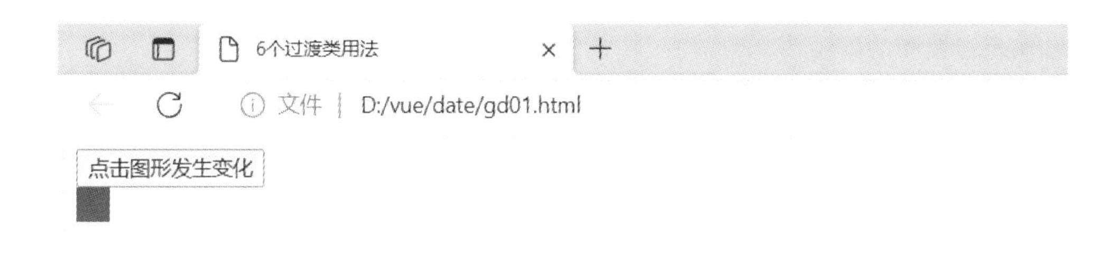

图 3-15　变化过程

图 3-16　离开状态

此外，Vue 的 transition 组件支持自定义类名来实现过渡。自定义类名通过属性进行设置，不需要通过<transition>标签设置 name 属性，并且优先级别高于普通类名。自定义类名的属性包括 enter-class、enter-active-class、enter-to-class、leave-class、leave-active-class、leave-to-class。自定义类名方便开发者在 Vue 的过渡与动画效果设置中，与 Animate.css 等其他第三方 CSS 动画库结合使用。

任务二　多个元素过渡

transition 组件在同一时间内只能实现一个元素显示。如果要实现多个元素显示，则需要使用条件语句（v-if、v-else、v-if-else）进行区别显示，并且对每一个元素绑定唯一的 key 特性值。对于未使用条件语句进行显示条件区别的元素，Vue 会复用元素，不能有效实现过渡和动画效果。多元素过渡又可以分为相同标签的元素过渡、不同标签的元素过渡。相同标签的元素过渡必须对每一个元素绑定唯一的 key 特性值，否则 Vue 会一起处理相同标签的中内容，导致无法实现过渡和动画效果。

为了更好理解多元素过渡的用法，这里提供一个切换图形颜色的示例，具体代码如下，浏览器打开后点击切换颜色按钮，则可以实现图形颜色的切换，在切换过程中通过控制大小实现动画，具体如图 3-17、图 3-18 所示。

```
<!DOCTYPE html>
<html lang="en">
<head>
<meta charset="UTF-8">
<meta name="viewport" content="width=device-width, initial-scale=1.0">
<title>多元素过渡案例</title>
<script src="vue.js"></script>
<style>
        .product-enter {
            width: 50px;height: 50px;/*初始状态*/
        }
        .product-enter-active {
            transition: 5s;/*动画时长*/
        }
        .product-enter-to {
            width: 500px;    height: 500px;/*结束状态*/
        }
        .red {
            background-color: #d50606;/*红色*/
        }
        .green {
            background-color: #008000;/*绿色*/
        }
        .purple {
            background-color: #800055;/*紫色*/
        }
        .grey {
            background-color: #ede7e7;/*灰色*/
        }
        .blue {
            background-color: #0000ff;/*蓝色*/
        }
</style>
</head>
```

```
<body>
    <div id="app15">
        <button @click="showchange">切换颜色</button>
        <div class="product">
            <transition name="product">
                <!-- 通过 v-if 判断 show 的值来确定唯一 key 特性值，实现同元素
区分 -->
                <div class="red" v-if="show==1" key="1"> </div>
                <div class="green" v-if="show==2" key="2"> </div>
                <div class="purple" v-if="show==3" key="3"></div>
                <div class="grey" v-if="show==4" key="4"></div>
                <div class="blue" v-if="show==5" key="5"></div>
            </transition>
        </div>
    </div>
    <script>
        var vm = new Vue({
            el: "#app15",
            data: {
                show: 0
            }, //初始 show 的值
            methods: {
                showchange() {
                    if (this.show < 5) {
 //如果 show 的值小于 5，则 shou+1 返回，否则返回 1
                        return this.show += 1
                    } else {
                        return this.show = 1
                    }
                },
            },
        })
    </script>
</body>
</html>
```

图 3-17　初始状态

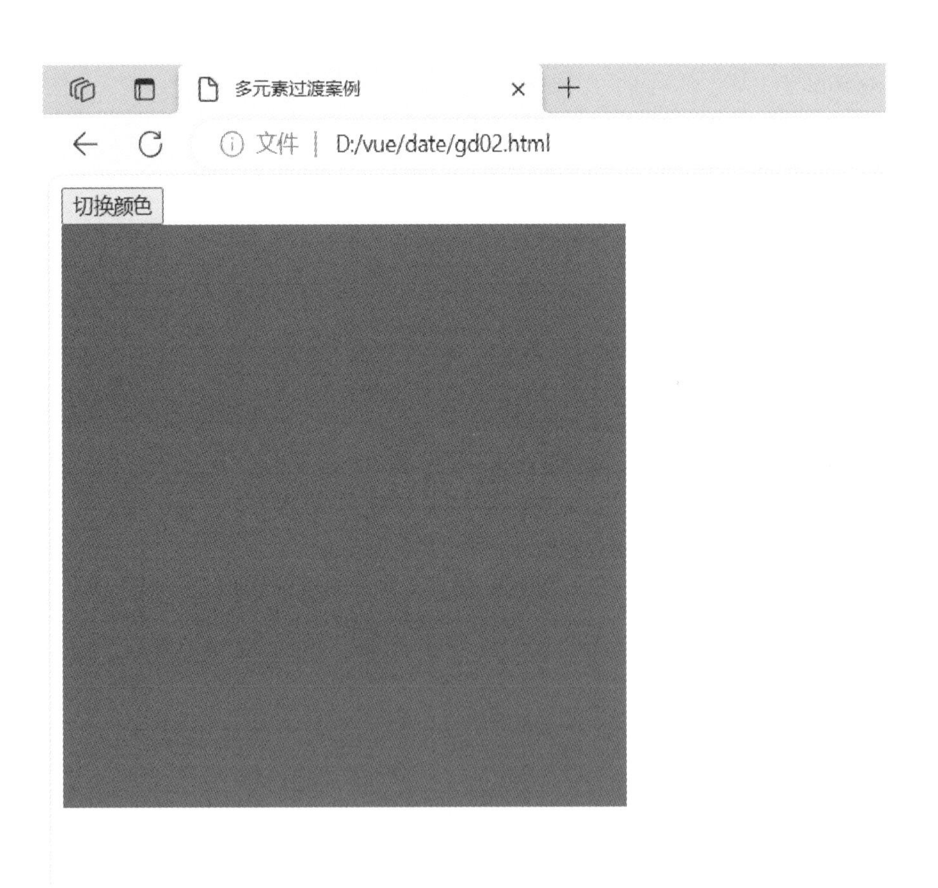

图 3-18　多元素变化

任务三　多个组件过渡

相较于多元素过渡需要在元素中绑定唯一的 key 特性值而言，多个组件过渡就显得要简单很多。多个组件过渡不需要使用 key 特性值进行区分，只需使用动态组件即可，即通过<component>元素绑定不同的 is 特性值来实现不同组件的过渡和动画效果。

为了更好理解多组件过渡的用法，这里提供一个组件切换展示的示例，具体代码如下所示，浏览器打开后点击热销商品/打折商品按钮，则可以实现组件的切换，展示不同商品信息，在切换过程中通过移动和透明实现动画，具体如图 3-19、图 3-20 所示。

```
<!DOCTYPE html>
<html lang="en">
<head>
<meta charset="UTF-8">
 <meta name="viewport" content="width=device-width, initial-scale=1.0">
 <title>多组件过渡案例</title>
<script src="vue.js"></script>
<style>
    .component-enter-active,.component-leave-active {
    transform: translateY(-390px);/*向上垂直移动 390px,动画时间为 3s*/
    transition: 3s;   /*动画时间为 3 s*/
            }
    .component-enter,.component-leave-to {
    transform: translateY(100px);/*向下垂直移动 100px,动画时间为 3s*/
    opacity: 0; /*动画时间为 3 s*/
            }
</style>
</head>
<body>
<template id="ComponentA"><!--定义热销商品组件-->
<div>
<ul>
<li> <h2>热销商品 1</h2><p>商品描述</p><p>商品价格</p></li>
<li> <h2>热销商品 2</h2><p>商品描述</p><p>商品价格</p></li>
<li> <h2>热销商品 3</h2><p>商品描述</p><p>商品价格</p></li>
</ul>
</div>
</template>
<template id="ComponentB"><!--定义打折商品组件-->
<div>
```

```
<ul>
<li> <h2>打折商品 1</h2><p>商品描述</p><p>商品价格</p></li>
     <li> <h2>打折商品 2</h2><p>商品描述</p><p>商品价格</p></li>
     <li> <h2>打折商品 3</h2><p>商品描述</p><p>商品价格</p></li>
  </ul>
 </div>
</template>
```

```
<div id="app16">
<button @click="showComponent = 'ComponentA'">热销商品</button>
<!-- 点击按钮改变 ShowComponent 的值-->
<button @click="showComponent = 'ComponentB'">打折商品</button>
<transition name="component">
<component :is="showComponent"></component>
<!-- is 特性值为组件名称，通过 ShowComponent 获取-->
</transition>
</div>
<script>
        Vue.component('ComponentA', {
            template: '#ComponentA'
        })
        Vue.component('ComponentB', {
            template: '#ComponentB'
        })
        var vm = new Vue({
            el: "#app16",
            data() {
                return {
                    showComponent: 'ComponentA'
                };
            }
        })
    </script>
</body>
</html>
```

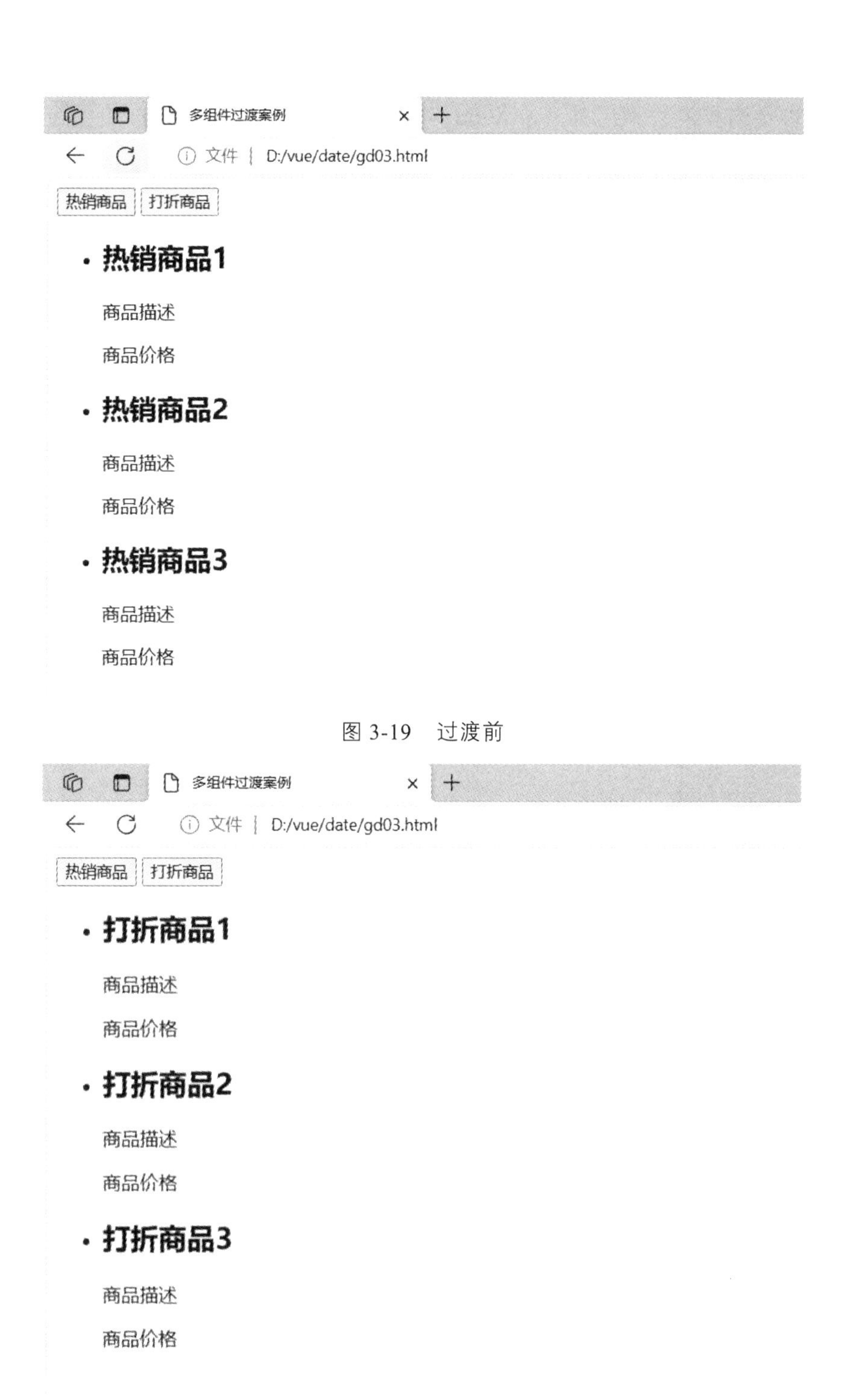

图 3-19　过渡前

图 3-20　过渡后

任务四　列表过渡

在 Vue 中，列表过渡（List Transitions）是指当列表中的元素添加、删除或更新时，使用过渡效果来平滑地显示这些变化。这使得列表的变化更加自然和流畅，能提供更好的用户体验。Vue 提供了内置的过渡组件 transition，可以使用组件的<transition>标签或<transition_group>标签与 v-for 指令组合使用，为列表元素添加过渡效果。由于列表的每一项都会进行过渡，因此在循环时需要给列表的每一项添加唯一的 key 特性值，这样才能更好实现过渡和动画效果。

为了更好理解列表过渡的用法，这里提供一个商品列表的示例，具体代码如下。浏览器打开后如图 3-21 所示，多次点击添加商品按钮则可以增加多个商品信息；其次如图 3-22 所示，点击每一个商品的删除按钮则可以删除指定商品信息；最后如图 3-23 所示，点击价格排序按钮可以实现商品价格从低到高进行排序。

```
<!DOCTYPE html>
<html lang="en">

<head>
    <meta charset="UTF-8">
    <meta name="viewport" content="width=device-width, initial-scale=1.0">
    <title>列表过渡案例</title>
    <script src="vue.js"></script>
    <style>
        .list-item {
            margin: 10px; padding: 10px; background-color: #f5f5f5;
            border: 1px solid #ddd;cursor: pointer;
          /* 设置列表展示的商品模块样式*/
        }
        .list-enter-active,.list-leave-active {
            transition: all 1s;
        }
        .list-enter, .list-leave-to {
            opacity: 0; transform: translateY(30px);
        }
    </style>
</head>
<body>
<div id="app17">
   <template>
     <div>
     <button @click="addProduct">添加商品</button>
     <button @click="sortPrice">价格排序</button>
  <transition-group name="list">
<!-- 使用 transition-group 实现平滑过渡动画效果 -->
```

```
  <div v-for="(product, index) in products" :key="index+1" class="list-item">
<!-- 使用 v-for 循环渲染商品列表 -->
<p> 商品编号:{{ product[0] }}</p>
<p> 商品名称:{{ product[1] }}</p>
<p> 价格:{{ product[2] }}</p>
      <button @click="removeProduct(index)">删除</button>
    </div>
    </transition-group>
    </div>
</template>
  </div>
<script>
    var vm = new Vue({
    el: "#app17",
    data() { return {products: [] } },//设置存放商品的空二维数组
    methods: {
    addProduct() {//添加商品的方法
      var productName = "商品";//商品名称为商品
      var productId = this.products.length+1;//商品 Id 为商品数组下标+1
      var productPrice = Math.floor(Math.random() * 100);//随机生成商品价格
      var newProducts = [productId, productName, productPrice];
//新商品信息的一维数组，包括编号，名称，价格
      this.products.push(newProducts); //增加到存放商品的数组中 },
    removeProduct(index) { //通过传回的下标 index 删除指定商品信息
      this.products.splice(index, 1); },
    sortPrice() {//价格由低到高排序
      this.products.sort(function(a, b) {
//通过比较每一个商品信息的第三个元素（价格）实现价格排序功能
        if (a[2] < b[2]) { return -1; }
        if (a[2] > b[2]) { return 1;}
          return 0;});
} }   })
        </script>
</body>
</html>
```

图 3-21　增加商品信息

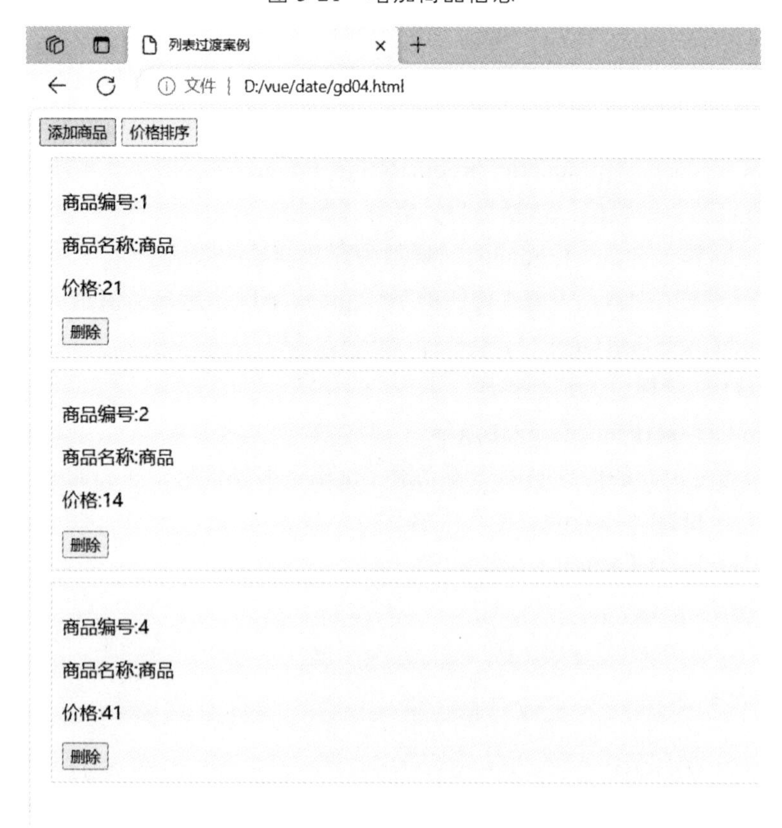

图 3-22　删除商品信息

图 3-23　价格排序

小　结

本项目首先讲解了什么是全局 API 及 Vue.directive 等多个常用全局 API 的用法，其次讲解了$props、$el 等多个实例属性用法，最后讲解了过渡和动画实现的原理和方法。读者通过本项目的学习，可以完成一些简单页面的操作。

习　题

一、填空题

1. Vue 中提供用于创建可重复使用的组件或子类构造器的方法是______。
2. Vue 中提供用于创建插件的方法是______。
3. Vue 中传递父组件的属性给子组件的实例属性是______。
4. Vue 中过渡的状态可以分为______、______。

二、判断题

1. vm.$attrs 将传递父组件的所有属性给子组件。 (   )

2. Vue 中 data 选项中的数据不具有响应特性。 (   )

3. Vue 的 transition 组件不支持自定义类名来实现过渡。 (   )

三、选择题

1. 进入过渡状态中在元素被插入之后下一帧生效的类名是（   ）。

   A. v-enter

   B. v-enter-to

   C. v-enter-active

   D. v-leave-to

2. 下列不属于实例属性的是（   ）。

   A. vm.$props

   B. vm.$el

   C. Vue.set

   D. vm.$attrs

四、简答题

1. 什么是过渡和动画。

2. 实例属性 vm.$props 和 vm.$attrs 的区别。

五、编程题

1. 使用 vm.$slots 插槽结合本项目提供的案例实现一个导航栏结构。

2. 结合列表过渡用法和案例，完善商品列表项目。

项目四　商城项目搭建

【项目简介】

Webpack 可以将模块系统编写出的代码转化为浏览器所能识别的代码，可以帮助开发者隐藏源代码，提高安全性。本项目主要讲述 WebPack 的安装、WebPack 的基本配置、Vue 路由基础知识、配置路由以及在项目中使用路由功能等。

【知识梳理】

webpack 安装和使用，webpack 的基本配置信息，webpack.config.js 文件中各个配置项的功能与格式编写。Vue 的路由原理，配置路由的步骤，路由在实际项目中的使用详解。

【学习目标】

（1）掌握 webpack 的安装方法。
（2）掌握 webpack 的基本配置。
（3）掌握 webpack.config.js 文件配置编写。
（4）了解 Vue 路由原理。
（5）掌握路由的配置步骤。

【思政导入】

通过 webpack 的学习，我们能更好地认识自己的职业角色和责任。通过了解自己的职业角色和责任，我们可以更好地把握自己的发展方向和目标，从而更好地实现自己的人生价值。通过 vue 路由学习，我们能更好地认识互联网安全的重要性。通过了解互联网安全的重要性，我们可以更好地把握网络安全的知识和技术，从而更好地保护个人和团队的安全。

【能解决的问题】

（1）能够熟练配置 webpack.config.js 文件的各项配置信息。
（2）能够使用 webpack 创建 Vue 简单项目。
（3）能够为组件配置路由。
（4）能完成实际项目的路由应用。

模块一　运用 webpack 打包工具创建项目

webpack 由前端资源构建工具与静态模块打包器构成。

前端资源构建工具：就是把一些浏览器不支持的文件（比如 less、sass），转换成浏览器支持的 css 这样的工具。

静态模块打包器：告诉 webpack 入口文件，webpack 会根据页面依赖引用（比如 import）的 jquery、less 文件形成树状关系图，形成一个 chunk（代码块），然后再对代码块进行各项处理。比如 less 转成 css，ES6+转浏览器认识的 ES5 等操作，这些操作就是打包。打包后，把处理好的资源输出出去，形成 bundle（软件包），如图 4-1 所示。

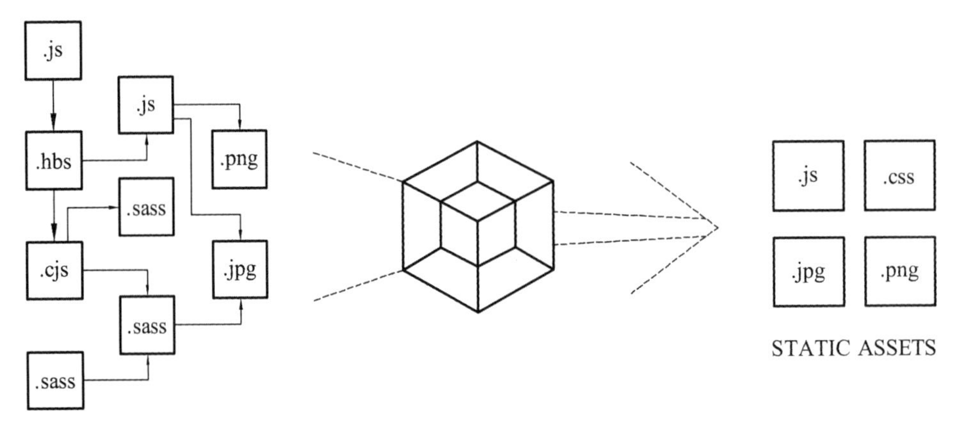

图 4-1　webpack 工作流程

从图 4-1 中我们可以看出，Webpack 可以将多种静态资源 js、css、less 转换成一个静态文件，减少了页面的请求。

任务一　安装 webpack

一、webpack 安装

安装 webpack 之前需要安装 node.js 和 npm,如果没有，需要去其官网下载。安装好 node.js 后，node.js 自带 npm，所以不需要再安装 npm，通过 npm-v 可以查看 npm 的版本。

安装步骤：

（1）全局安装 webpack。

命令格式：

```
npm install webpack webpack-cli   -g
npm install webpack -g
```

最好在项目中也包含一份独立的 Webpack，这样能更方便管理项目。

（2）创建一个项目文件夹，在此目录下使用 nmp init 命令，初始化 package.json 文件中项目依赖的配置信息。

命令格式：

```
npm init -y
```

（3）局部安装 webpack：在当前项目文件夹会自动生成一个 node_modules 文件夹，该文件夹都是项目所依赖的相关文件，如 webpack。

命令格式：

```
npm install webpack webpack-cli --save -dev
```

为什么全局安装后，还需要局部安装呢？在终端直接执行 webpack 命令，当使用全局安装的 webpack 在 package.json 中定义了 scripts 时，其中包含了 webpack 命令，那么使用的是局部 webpack。

验证 webpack 是否安装成功，输入指令 webpack-v，如果有三个版本号显示，就说明安装成功。

二、webpack 的基本配置与使用

配置步骤：

（1）在当前项目中创建一个 index.js 和 index.html 文件，分别在两个文件中写入相应功能代码。

（2）创建一个配置文件 webpack.config.js，此文件的代码内容如下：

```
module.exports={
    mode:'development'
}
```

（3）每进行一次打包都要输入一段冗长的命令，这样做不仅耗时，而且容易出错。为了使命令行指令更简洁，可以在 package.json 中添加一个脚本命令。在编写程序软件中（如HBuilder、VsCode 等)打开 package.json 文件，将文件的“scripts”选项内容做如下修改：

```
"scripts": {
    "dev": "webpack"
  }
```

（4）在 cmd 控制台输入如下指令:

```
npm run dev
```

（5）打开 index.html 文件，将原有的

```
src='index.js'
```

修改为

```
'src=main.js'
```

再重新执行 index.html，此时程序的效果通过 webpack 得以实现。

三、安装 webpack-dev-server

单纯使用 Webpack 及其命令行工具来进行开发调试的效率并不高。以往只要编辑项目源文件（js、css、html 等），刷新页面即可看到效果，现在多了一步打包过程，然后才能刷新页面生效。其实，Webpack 社区已经为我们提供了一个便捷的本地开发工具 webpack-dev-server，首先需要安装，命令格式如下：

```
npm install webpack-dev-server -D
```

为了便捷地启动 webpack-dev-server，我们在 package.json 中添加一个 dev 指令：

```
"scripts": {
    "dev": "webpack-dev-server"
```

},

webpack-dev-server 是一个简单的 web server 的开发服务器，其仅适用于开发环境，不适用于生产环境，提供了实时重载环境的功能，可以实时监听源代码的变化情况而使 webpack 进行处理，也叫作热更新。

最后，我们还需要对 webpack-dev-server 进行配置。编辑 webpack.config.js，代码如下：

```
module.exports = {
    entry: './src/index.js',
    output: {
        filename: './main.js',
    },
    mode: 'develpoment',
    devServer: {
        open: true, //打包完成后，自动打开浏览器
        host: '127.0.0.1', //主机地址
        port: 8080, //端口号
        static: './' //能够在 http 协议上打开
},
};
```

四、webpack.config 文件的核心概念

（1）mode（模式）：分为开发环境配置 mode='development'和生成环境配置 mode='production'。

（2）Entry（入口）：指示 webpack 以哪个文件为入口起点开始打包，分析构建内部依赖图并编译。

入口格式：

entry：'入口文件路径和文件名'

（3）Output（出口）：指示 webpack 打包后的资源 bundles 输出的位置并命名。

出口格式：

path:'入口文件路径',

filename: '出口文件名'

（4）Loader（加载器）：让 webpack 能够去处理那些非 javascript 文件，比如将图片、css 等，翻译成 webpack 可以看懂的文件。

loader 需要使用 npm 单独安装，安装 css 和 style 的代码如下：

```
npm install css-loader --save-dev
npm install style-loader --save-dev
```

安装好后，便可以在 webpack.config.js 文件中编写需要的配置选项了。加载器用 modules 配置选项，配置格式如下：

```
module:{
rules:[
```

```
        {
            test:/\.css$/,
            use:[
                'style-loader','css-loader',
            ]
        }
    ]
}
```

格式说明：

test：写明哪种后缀名的文件可以被 webpack 转换，此内容为正则表达式。

use：转换时使用哪些 loader。

对于在 index.js 中使用的高级的 js 语法，webpack 也是无法直接识别的，需要安装 babel-loader 包才可以，安装代码如下：

```
npm i babel-loader @babel/core @babel/plugin-proposal-decorators -D
```

然后在 webpack.config.js 文件配置需要的选项了。加载器用 modules 配置选项，配置格式如下：

```
module:{            //第三方文件模块的匹配规则
    rules:[             //文件名缀名的匹配规则
        {
            test:/\.js$/,
            use: [
                'babel-loader'
            ],
            exclude:/node_modules/             //排除 node_modules 目录代码
        }
    ]
}
```

babel-loader 还需要加一个配置项文件 babel.config.js,定义 babel 的配置项如下 ：

```
module.exports = {
    // 声明插件
    //调用 babel-loader 时，先使用 plugins 插件
    "plugins": [
        ["@babel/plugin-proposal-decorators", { "version": "2023-05" }]
    ]
}
```

（5）plugins（插件）：用于执行范围更广的任务。插件的范围包括从打包优化和压缩，一直到重新定义环境中的变量等。

下面以”html-webpack-plugin”插件为例讲解插件的使用步骤。

步骤 1：安装 html-webpack-plugins 插件。在命令行输入以下代码：

npm install html-webpack-plugin -D

然后修改 webpack.config.js 文件，以下步骤都在配置文件中完成。

步骤 2：在配置文件中定义 HtmlPlugin 变量，作为实例对象的构造函数使用。

```
const HtmlPlugin=require('html-webpack-plugin')
```

步骤 3：创建插件的实例对象。

```
const htmlplugin=new HtmlPlugin({
    template:'指定原 html 文件的路径和文件名',
    filename: '指产生新的 html 文件的路径和文件名'
})
```

步骤 4：在配置选项中添加一个新配置选项 plugins，将 htmlplugin 实例对象添加到选项数组中。

plugins:[插件实例对象名]

下面这个实例将原有的 index.html 通过插件改变路径，完整代码如下：

cmd 命令行：npm　install html-webpack-plugin -D

配置文件代码：

```
const HtmlPlugin=require('html-webpack-plugin')
const htmlplugin=new HtmlPlugin({
                template: './src/index.html',
                filename: './index.html'
})
module.exports={
      plugins:[htmlplugin]
}
```

（6）项目发布。

在 package.json 文件中配置一个 build 配置项，代码如下：

```
"build": "webpack --model production"            //项目发布时，运行 build 命令
```

--mode 是一个参数项，用来指定 webpack 的运行模式 production 为生产模式，会对 js 代码进行代码压缩和性能优化。--mode 的优先级高于 webpack.config.js 中的 mode 配置项，因此 --mode 会覆盖 mode 的设置，变为生产模式。

任务二　webpack 创建商城项目

下面以商品信息为例，使用 webpack 创建商品信息项目。首先将原有的 goodsInfo.html 文件拆分为 index.html 和 index.js 两个文件，拆分后的文件在引入文件部分有所变化。

index.html 文件的代码变化如下：

删除其他所有的引入 js 文件内容，只需要以下引入文件内容。

```
<script src="index.js"></script>
```

index.js 文件的代码变化如下：

```
import '../velocity.js';
```

```
import Vue from '../vue.js';
let vm = new Vue({
      el: '#app',
          //与原文档保持不变
   …
})
```

项目创建步骤如下：

步骤一：创建一个空目录 goodsInfo，该目录不能使用中文，复制 velocity.js 和 vue.js 文件到该目录中。

步骤二：运行 npm init -y 命令，初始化管理配置文件 package.json，修改该文件的配置项如下：

```
"scripts": {
    "dev": "webpack-dev-server"
  },
```

步骤三：安装 webpack 所需的所有工具包资源，命令如下：

```
npm   i   webpack -D
npm   i   webpack-cli   -D
npm   i   webpack-dev-server -D
npm   i   html-webpack-plugin -D
```

步骤四：新建 src 源代码目录，在该目录中复制拆分好的 index.html 首页和 src->index.js 脚本文件。

步骤五：配置 webpack.config.js 文件，配置内容如下：

```
const path = require('path')
const HtmlPlugin = require('html-webpack-plugin')
//通过构造函数创建插件实例，并设置实例的参数
const htmlplugin = new HtmlPlugin({
    template: './src/index.html', //指定原文件的路径和文件名
    filename: './index.html'  //指定复制后的路径和文件名
})
module.exports = {
    entry: './src/index.js',
    // entry: path.join(__dirname, './src/index.js'),
    output: {
        // path: path.join(__dirname, './dist'),
        filename: './main.js',
    },
    mode: 'development',
    devServer: {
        open: true, //打包完成后，自动打浏览器
```

```
        host: '127.0.0.1', //主机地址
        port: 8080, //端口号
        static: './' //能够在 http 协议上打开
    },
    plugins: [htmlplugin]
};
```

步骤六：配置 package.json 文件，配置信息如下：

```
  "scripts": {
    "dev": "webpack-dev-server"
  },
```

模块二 Vue 路由

Vue 路由 Vue-router 是一个插件库，专门实现单页 Web 应用（Single Page Web Application，SPA）。整个应用只有一个完整的页面，该页面基于路由和组件，两者实现映射关系，实现 SAP 的应用。单页面应用使得用户体验较好，前后端分离，页面切换效果非常炫酷。同时单页面只有一个完整页面，点击页面中的导航链接不会刷新页面，只会做页面的局部更新。

多页 Web 应用（Multi-Page Web Application，MPA），就是指一个应用中有多个页面，页面跳转时是整页刷新。MPA 在网站后期的维护中难度较大，页面跳转时应用的连续性出现中断，用户体验差。

现在的网站大多都采用单页面 SPA 搭建，并且使用 Vue-router 可以灵活控制组件之间的跳转、路由的嵌套等功能。

任务一 认识路由

在应用开发中，路由主要分为前端路由和后端路由，在实现 SPA 过程中，最核心的技术点就是前端路由。前端路由工作原理如图 4-2 所示。

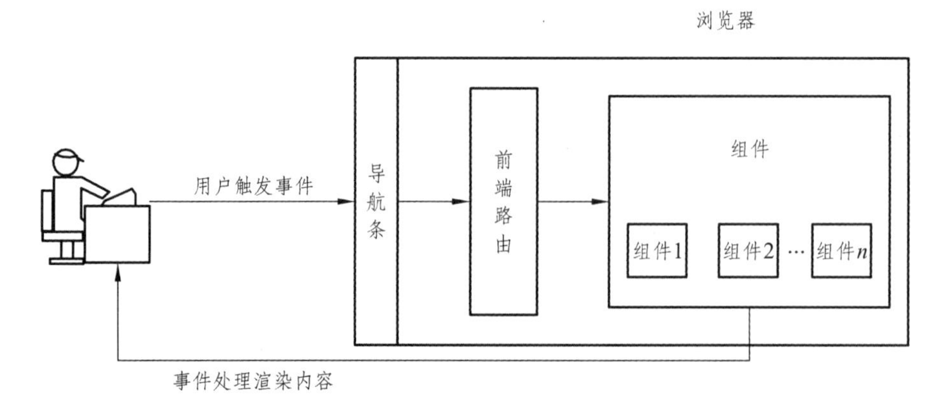

图 4-2 前端路由工作原理

图 4-2 中可以看到，前端路由根据不同的用户事件显示不同的页面内容。用户选择导航条触发事件，然后 Vue 在前端路由中将用户选择的导航条进行路由匹配（路由路径或名称），匹配成功后调用相应的组件，展示在页面上，完成整个前端路由工作。

任务二　配置路由

一、安装 vue-router

命令格式：npm install vue-router@3

二、使用路由插件

命令格式：Vue.ues(VueRouter)

三、编写组件文件（com.vue）

```
<template>
    //模板结构
</template>

<script>
    export default {name:'componentName'}
</script>

<style>
    样式表
</style>
```

四、编写 router（路由）配置文件（index.js）

```
//引入 VueRouter
import VueRouter from 'vue-router'
//引入组件
Import componentName from 'filename'
//创建一个路由器，并导出该路由器
export default new VueRouter({
    routes:[
        {
        path:'路由路径',
        component:componentName },
        {…},
    ]
})
```

五、编写 App 组件 App.vue

router-view 标签在当路由 path 与访问的地址相符时，会将指定的组件替换该 router-view 在页面显示组件内容。

输入几个 router-view 就会显示几个组件，即使相同也会分别显示。

```
//模板
<template>
  <div id="app">
    <router-link to="路由路径" >XXXXX</router-link>
    <router-view></router-view>
  </div>
</template>
//导出
<script>
    export default{ name: 'componentName'}
</script>
```

在 Vue 路由中，to 表示目标路由的链接。当被点击后，内部会立刻把 to 的值传到 router-push()，值是一个字符串或者是描述目标位置的对象，用来进行路径的跳转。<router-link> 默认会被渲染成一个'<a>'标签，to 相当于 a 标签中的“herf”属性，后面跟跳转链接所用。

六、编写 main.js 文件，注册路由

main.js 是项目的一个文件，项目中的所有页面都会加载 Main.js，所以 Main.js 主要有三个功能：

（1）实例化 Vue。

（2）放置在项目中经常可以找到的插件和 CSS 样式。例如，网络请求插件 Axios 和 Vue 资源，图形加载插件 Vue lazload。

（3）存储全局变量。

main.js 代码如下所示：

```
import Vue from 'vue'
import App from './App.vue'
import VueRouter from 'vue-router'
import router from '路由配置文件 index.js 路径和文件名'
Vue.config.productionTip = false   //阻止 Vue 在启动时生成生产提示
Vue.use(VueRouter)
new Vue({
    el:'#app',
  render: h => h(App),
    router:router
})
```

七、最后创建一个 index.html 文件

```
<body>
        <div id="app"></div>
</body>
```

八、路由中的常用属性

（一）replace 属性

在 javascript 语法中，replace()方法用于在字符串中用一些字符替换另一些字符，是替换方法。在 vue 中，设置这个属性其实也是替换的作用，会调用 router.replace()而不是 router.push()，作用是导航后不会留下 history 记录。

（二）tag

我们知道，<router-link>会被渲染成 a 标签，但是要想被渲染成其他标签，可以通过 tag 属性，设置了 tag 属性，router-link 会被渲染成相应的标签，同样它还会监听点击的功能。

例如：

```
<router-link to="/foo1" tag='li'>路由 1</router-link>
```

（三）active-class

设置 active-class 属性是指当 router-link 中的链接被激活时，添加 css 类名，也就是当前页面所有与当前地址所匹配的链接都会被添加 class 属性。如果没有设置 active-class 属性，Vue 会有一个默认的 class 来表示当前链接被激活：router-link-active。

（四）event

event 属性用来声明可以用来触发导航的事件，event 的值是一个数组或者一个字符串。

```
<router-link to="/foo2" event='mouseover'>点击 2</router-link>
```

任务三　路由在商城登录注册的应用

一、实现登录注册页面及路由跳转

本案例要求使用单文件组件，首先创建项目文件夹 router-demo1，文件夹结构如图 4-3 所示。

具体实现步骤如下：

（1）在 router-demo1 文件夹下创建 components 目录，在该目录下创建登录组件（ComLogin.vue）和注册组件（ComRegister.vue）。

ComLogin.vue 组件代码如下：

```
<template>
  <div>
    <h2>欢迎使用登录界面</h2>
    用户名:<input /><br /><br />
```

```
    密   码:<input /><br /><br />
    <button>登录</button>
  </div>
</template>

<script>
export default {
  name: "ComLogin",
};
</script>
```

ComRegister.vue 组件代码如下：

```
<template>
  <div id="">
    <h2>欢迎使用注册界面</h2>
    用户名:<input /><br /><br />
    密   码:<input /><br /><br />
    确认密码:<input /><br /><br />
    <button>注册</button>
  </div>
</template>

<script>
export default {
  name: "ComRegister",
};
</script>
```

图 4-3　router-demo1 项目文件结构

（2）在 router-demo1 文件夹下的 src 文件夹下创建 router 文件夹，然后在 router 文件夹下创建路由器配置文件 index.js,对两个组件进行路由配置。

```
import VueRouter from "vue-router"
import ComLogin from "../components/ComLogin.vue"
import ComRegister from "../components/ComRegister.vue"

export default new VueRouter({
    routes: [
        {
            path: '/login',
            component: ComLogin
        },
        {
            path: '/register',
```

```
            component: ComRegister
        }
    ]
})
```

（3）在 router-demo1 文件夹下创建 App.vue 组件，在 App 组件模板中添加路由器链接（router-link）标签（“登录”和“注册”）路由导航，并在 APP 组件中通过路由视图（router-view）实现路由展示。

```
<template>
  <div id="app">
    <div>
      <router-link to="/login">登录</router-link>  
      <router-link to="/register">注册</router-link>
    </div>
    <router-view></router-view>
  </div>
</template>
<script>
export default {
  name: "App",
};
</script>
```

（4）创建入口程序（main.js），导入 Vue 并实例化，导入 APP 组件，导入路由器配置文件实现注册路由，挂载到模板唯一元素。最后在 index.html 文件中添加一个挂载元素的容器。

```
import Vue from 'vue'
import App from './App.vue'
import VueRouter from 'vue-router'
import router from './router'
Vue.config.productionTip = false
Vue.use(VueRouter)
new Vue({
    el: '#app',
    render: h => h(App),
    router: router
})
```

webpack 创建项目：

步骤一：运行 npm　init -y 命令，初始化管理配置文件 package.json，修改该文件的配置项。

```
"scripts": {
    "dev": "webpack-dev-server"
  },
```

步骤二：安装 webpack 所需的所有工具包资源。

```
"devDependencies": {
    "@vue/compiler-sfc": "^3.3.8",
    "html-webpack-plugin": "^5.5.3",
    "vue-loader": "^15.11.1",
    "webpack": "^5.89.0",
    "webpack-cli": "^5.1.4",
    "webpack-dev-server": "^4.15.1"
  },
  "dependencies": {
    "vue": "^2.7.15",
    "vue-router": "^3.6.5"
  }
```

步骤三：创建 webpack.config.js 配置文件内容。

```
const path = require('path')
const HtmlPlugin = require('html-webpack-plugin')
const { VueLoaderPlugin } = require('vue-loader')

//通过构造函数创建插件实例，并设置实例的参数
const htmlplugin = new HtmlPlugin({
    template: './public/index.html', //指定原文件的路径和文件名
    filename: './index.html'   //指定复制后的路径和文件名
})
module.exports = {
    entry: './src/main.js',
    // entry: path.join(__dirname, './src/index.js'),
    output: {
        path: path.join(__dirname, './dist'),
        filename: './main.js',
    },
    mode: 'development',
    devServer: {
        open: true, //打包完成后，自动打浏览器
        host: '127.0.0.1', //主机地址
        port: 8080, //端口号
        static: './' //能够在 http 协议上打开
    },
    plugins: [htmlplugin, new VueLoaderPlugin()],
    module: {         //第三方文件模块的匹配规则
```

```
        rules: [              //文件名缀名的匹配规则
            {
                test: /\.vue$/,
                loader: 'vue-loader',
                // options: {
                  //        cacheDirectory: path.resolve(__dirname, "node_modules/.cache/vue-
loader")
                // }

            }
        ]
    }
};
```

二、命名路由改进登录注册

在路由配置中，除了 path 之外，还可以为任何路由提供命名路由 name。通过命名标识一个路由显得更方便一些，特别是在链接一个路由，或者是执行一些跳转的时候。可以在创建 Router 实例的时候，在 routes 配置中给某个路由设置名称，以注册登录界面为例，只需要对两个文件做修改即可，第一个是 router 文件夹下的 index.js 文件，在路器中添加一个新的 name 属性，代码如下：

```
import VueRouter from "vue-router"
import ComLogin from "../components/ComLogin.vue"
import ComRegister from "../components/ComRegister.vue"

export default new VueRouter({
    routes: [
        {
            path: '/login',
            name: 'login',
            component: ComLogin
        },
        {
            path: '/register',
            name: 'register',
            component: ComRegister
        }
    ]
})
```

第二个要修改的是使用<router-link>标签的文件，将原来的 path 属性改为 name 属性格式，代码如下：

```
<router-link :to="{ name: 'login' }">登录</router-link>  
<router-link :to="{ name: 'register'}">注册</router-link>
```

在 router-link 中，to 的前面加“：”表示将 to 后面的内容以 js 代码解析。

三、通过路由实现账号密码传递

在路由过程中，经常会向路由组件传递参数，常用的主要有两种方法，一种是 query 传参，另一种是 parmams 传参，下面分别对两种方法进行举例说明。

（一）query 传递参数

单个参数和多个参数建议使用对象的形式，跳转通过匹配 router 的 path 去到相应的组件，query 则是参数的配置选项，以登录组件为例，点击“登录”标签时，将数据传递给“登录”组件，修改 APP.vue 文件中 router-link，代码如下：

```
<div id="app">
  <div>
    <!-- 命名路由 -->
    <router-link
      :to="{ name: 'login', query: { uname: 'test_name', pwd: 'test_pwd' } }"
      >登录</router-link
    >  
    <router-link :to="{ name: 'register' }">注册</router-link>
  </div>
  <router-view></router-view>
</div>
</template>
```

获取的时候用 query 获取，指令格式：

This.$route.query.uname。

修改“登录”组件的代码如下：

```
<template>
  <div>
    <h2>欢迎使用登录界面</h2>
    用户名:<input :value="this.$route.query.uname" /><br /><br />
    密   码:<input :value="this.$route.query.pwd" /><br /><br />
    <button>登录</button>
  </div>
</template>
```

（二）params 传递参数

params 传递参数时，首先要在 index.js 文件中添加 name 命名路由配置信息，然后必须要在 path 后写上参数占位符来表示传递的参数名称。

占位符："/:" + "参数名称"

```
routes: [
    {
        path: '/login/:uname/:pwd',
        name: 'login',
        component: ComLogin
    },
]
```

在<router-link>标签处使用 params 传递参数，在传递参数时，如果 params 使用 to 对象格式，则不能使用 path 选项来匹配路由，必须使用 name 命名路由匹配：

```
<template>
  <div id="app">
    <div>
      <!-- 命名路由 -->
      <router-link
        :to="{ name: 'login', params: { uname: 'test_name', pwd: 'test_pwd' } }"
        >登录</router-link
      >  
      <router-link :to="{ name: 'register' }">注册</router-link>
    </div>
    <router-view></router-view>
  </div>
</template>
```

在接收参数的组件中，使用$route.params 获得传递的参数。

```
<template>
  <div>
    <h2>欢迎使用登录界面</h2>
    用户名:<input :value="this.$route.params.uname" /><br /><br />
    密   码:<input :value="this.$route.params.pwd" /><br /><br />
    <button>登录</button>
  </div>
</template>
```

四、路由嵌套应用于下级路由

在一个路由中嵌入了下级路由称为嵌套子路由。嵌套子路由的关键属性是 children。children 也是一组路由，可以像 routes 一样地去配置路由数组。每一个子路由里面可以嵌套多个组件，子组件又有路由导航和路由容器。路由嵌套的本质为递归。

本案例在用户和注册界面组上添加一个组件“用户管理”，同时“用户管理”也是“用户”

和“注册”的父路由。

首先添加一个新的“用户管理”组件 UserManage.vue 文件，代码如下：

```
<template>
  <div>
    <h2>用户管理</h2>
    <router-link :to="{ name: 'register' }">注册</router-link>  
    <router-link
      :to="{
        name: 'login',
        query: { uname: 'test_uname', pwd: 'text_pwd' },
      }"
      >登录</router-link
    >
    <router-view></router-view>
  </div>
</template>
```

在 index.js 中配置子路由，子路由指令为 children，代码如下：

```
import VueRouter from "vue-router"
import ComLogin from "../components/ComLogin.vue"
import ComRegister from "../components/ComRegister.vue"
import UserManage from "../components/UserManage.vue"
export default new VueRouter({
    routes: [
        {
            path: '/manage',
            name: 'manage',
            component: UserManage,
            children: [
                {
                    path: '/login/:uname/:pwd',
                    name: 'login',
                    component: ComLogin
                },
                {
                    path: '/register',
                    name: 'register',
                    component: ComRegister
                },
            ]
```

```
        }
    ]
})
```

在 App.vue 模板中需要做一些修改，现在展示的是“用户管理”组件，而不再是“用户”和“注册”组件界面，代码如下：

```
<template>
  <div id="app">
    <div>
      <!-- 嵌套路由 -->
      <router-link :to="{ name: 'manage' }">用户管理</router-link>
    </div>
    <router-view></router-view>
  </div>
</template>
```

五、命名视图改进登录注册

在界面布局时，可能想同时展示多个同一级的视图，而不是嵌套展示，可使用命名视图来实现。例如创建一个布局，有 LeftSidebar（侧导航）和 UserManage（主内容）两个视图，可以在界面中拥有多个单独命名的视图，而不是只有一个单独的出口。此时需要给<router-view>标签设置 name 属性来区分不同的视图，如果没有设置 router-view 名字，那么默认为 default。

本案例需要添加一个新的组件 LeftSidebar (侧导航),LeftSidebar 组件结构代码如下 ：

```
<template>
  <div id="">
    <h2>我是侧导航界面</h2>
  </div>
</template>
```

App.vue 需要添加新的<vourter-view>标签，为了区分不同的视图，需要加上 name 属性，代码修改如下：

```
<template>
  <div id="app">
    <div>
        <router-link :to="{ name: 'manage' }">用户管理</router-link>
    </div>
    <router-view name="leftSidebar"></router-view>
    <router-view></router-view>
  </div>
</template>
```

对 router 目录下的 index.js 文件做以下修改：添加 LeftSidebar 组件，增加 components 配置项，为<router-view>标签添加多个同级视图，显示多个路由视图界面。

```
import VueRouter from "vue-router"
import ComLogin from "../components/ComLogin.vue"
import ComRegister from "../components/ComRegister.vue"
import UserManage from "../components/UserManage.vue"
import LeftSidebar from "../components/LeftSidebar.vue"
export default new VueRouter({
    routes: [
        {
            path: '/manage',
            name: 'manage',
            component: UserManage,
            children: [
                {
                    path: '/login/:uname/:pwd',
                    name: 'login',
                    component: ComLogin
                },
                {
                    path: '/register',
                    name: 'register',
                    component: ComRegister
                },
            ],
            components: {
//命名视图
                default: UserManage,
                leftSidebar: LeftSidebar,


            },


        }

    ]
})
```

小　结

Vue 路由是 Vue.js 框架中非常重要的一部分，允许我们构建单页面应用程序（SPA），实现客户端的路由导航。通过学习和掌握 Vue Router 的使用，我们可以构建出功能强大、交互丰富的单页面应用程序。以下是本项目的知识汇总：

路由的基本概念：路由是 Web 应用程序中页面之间的导航机制。在 Vue 中，路由用于在单页面应用程序中切换不同的组件视图。

Vue Router：Vue Router 是 Vue.js 官方的路由管理器。它提供了简单易用的 API，用于定义和管理路由规则。通过 Vue Router，我们可以轻松地实现页面的导航和组件的渲染。

路由的基本配置：使用 Vue Router，我们需要在 Vue 应用程序中定义路由配置。路由配置包括定义路由路径和对应的组件映射关系。通过配置路由，我们可以指定不同的 URL 路径对应渲染的组件。

习　题

一、选择题

1. 以下哪个选项不是 webpack 的主要特点？（　　）。

   A. 模块化

   B. 代码转换

   C. 代码压缩

   D.文件合并

2. 下列哪个选项不是 webpack 的打包模式？（　　）。

   A. development

   B. production

   C. test

   D. default

3. 下列哪个选项不是 webpack 的入口点？（　　）。

   A. index.js

   B. app.js

   C. main.js

   D. package.json

4. 下列哪个选项不是 webpack 的输出文件类型？（　　）。

   A. js

   B. css

   C. map

   D. png

5. 在 Vue Router 中，以下哪个选项可以用于在路由之间进行切换？（　　）。

A. push()

B. replace()

C. go()

D. back()

6. 在 Vue Router 中，以下哪个选项可以用于获取当前路由的参数？（　　）。

A. this.route.params

B. this.router.params

C. this.route.query

D. this.router.query

二、填空题

1. Webpack 的入口文件通常是__________。

2. 在 Webpack 的配置文件中，可以通过__________属性来设置入口文件。

3. Webpack 的输出文件默认是__________格式。

4. 在 Webpack 的配置文件中，可以通过__________属性来设置输出文件的路径和文件名。

5. Webpack 支持对不同类型的文件进行打包，比如 JavaScript、CSS、图像等，这需要通过使用__________来实现。

6. 在 Webpack 的配置文件中，可以通过__________属性来配置 loader。

7. Webpack 的插件系统可以用来实现__________等功能。

8. 在 Webpack 的配置文件中，可以通过__________属性来配置插件。

9. 在 Vue Router 中，使用________属性来定义路由映射关系。

10. 在 Vue Router 中，使用________属性来定义路由参数。

项目五　状态管理及农产品购物车实现

【项目简介】

在前面我们已经介绍了在父子组件之间传递数据方法，即通过组件本身的属性和事件来实现数据的向上或向下传递。然而，在没有父子关系的组件之间传递数据时，就需要使用其他的办法了。

如在商城购物车项目中，通常会把显示商品详情的一块局部页面做成组件，而购物车也会被做成组件。每当用户把一个商品加入购物车时，页面的顶部就会更新显示当前购物车中商品的数量和总价，因此商品组件就需要与购物车统计部分传递数据。

这个过程被称为“状态”管理，这时购物车中的“商品数量”是这个应用程序的一种“状态”，而这种状态会被多个没有父子关系的组件访问。为此，Vue.js 提供了一种专门用来集中管理整个应用状态的机制，这种机制后来被抽离出 Vue.js 并构建成一个独立的 Vue.js 插件，称为 Vuex。

本项目主要是通过对 vue 中状态管理的学习，并结合到整个项目的实际需求来实现微商城的购物车功能，通过本项目的学习掌握，学生能轻松完成简易购物车功能。

【知识梳理】

在大型应用中，状态零散地分布在许多组件及其交互中，导致应用复杂度也经常逐渐增长。为了解决这个问题，Vue 提供了 Vuex，这是一个受到 Elm 启发的状态管理库。Vuex 甚至集成到 vue-devtools 中，无须配置即可进行时光旅行调试（time travel debugging）。

在本项目中，我们将讲解应用 Vuex 管理应用状态的方法。本章的知识结构如图 5-1 所示。

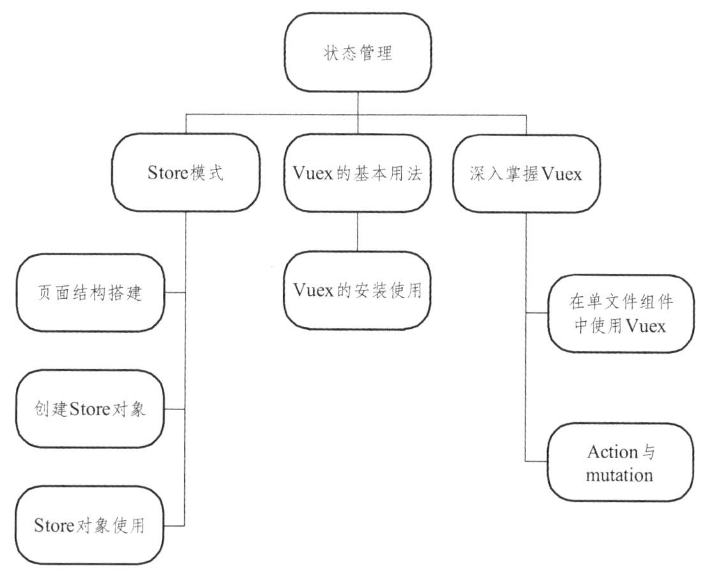

图 5-1　知识结构

【学习目标】

（1）了解 Vuex 的基本概念、工作原理以及下载安装的方法。
（2）掌握 Vuex 实例对象的配置方法。
（3）掌握购物车案例的实现过程。
（4）掌握 Vuex API 常用接口的使用方法

【思政导入】

Vuex 是由 Vue 团队提供的一套组件状态管理解决方案。通过学习 Vuex，可以引导学生思考如何在利用组件的同时，也可以自己实现一些开源组件供他人使用。这样的实践不仅能够培养学生的社会责任感，还能增强其人文关怀意识，同时引导学生明白，对社会的贡献不分大小和方式，无论在技术还是其他方面，只要能为国家、社会做出贡献，都是值得尊敬的行为。这种教育方式有助于提升学生的综合素质，使他们成为既有技术专长又有社会责任感的人才。

【能解决的问题】

（1）能灵活地对 Vuex 开发环境进行下载和安装。
（2）能自己完成 Vuex 实例对象的配置。
（3）能运用 Vuex API 常用接口完成一些项目的开发。
（4）能通过前面知识完成物车案例的设计开发。

模块一　认识 Vuex

任务一　什么是 Vuex

Vuex 是一个专为 Vue.js 应用程序开发的状态管理模式，采用集中方式存储管理应用的所有组件的状态，并以相应的规则保证状态以一种可预测的方式发生变化。Vuex 进一步完善了 Vue 基础代码功能，使 Vue 组件状态更加容易维护，为大型项目开发提供了强大的技术支持。Vuex 也集成到 Vue 的官方调试工具 devtools extension (opens new window) 中，提供了诸如零配置的 time-travel 调试、状态快照导入导出等高级调试功能。

Vuex 作为 Vue 插件使用，有以下优点：
（1）进一步完善了 Vue 基础代码功能。
（2）使 Vue 组件状态更加容易维护。
（3）为大型项目开发提供了强大的技术支持。

一、什么是“状态管理模式”？

下面通过一个简单的 Vue 计数应用案例开始讲解，代码如下：

```
new Vue({
  // State
```

```
    data () {
      return {
        count: 0
      }
    },
    // View
    template: `
      <div>{{ count }}</div>
    `,
    // Actions
    methods: {
      increment () {
        this.count++
      }
    }
  })
```

这个状态自管理应用包含以下几个部分：

（1）State：驱动应用的数据源。

（2）View：以声明方式将 state 映射到视图。

（3）Actions：响应在 view 上的用户输入导致的状态变化。

以下是一个表示“单向数据流”概念的简单示意，如图 5-2 所示。

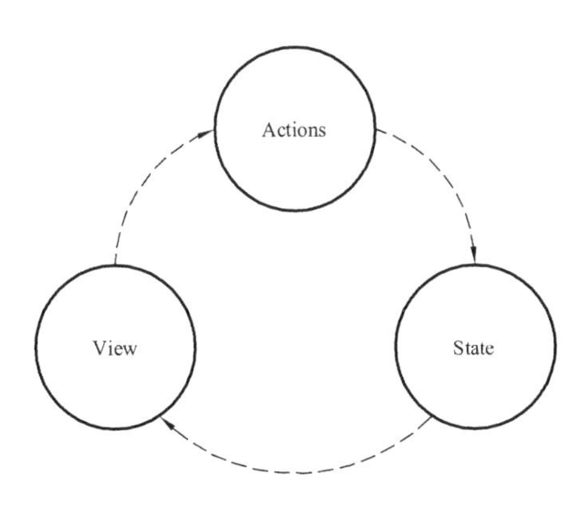

图 5-2　单向数据流

```
  Let store = new Vuex.Store({
    state: {},
    mutations: {}
  })
```

观察上述代码，第 1 行通过 new 关键字创建了 Vuex 的实例对象 store，它可以理解为一个容器，里面包含了应用中的大部分的状态（state）；第 2 行通过 state 配置项来定义组件的初始状态，与 Vue 实例中的 data 属性相似；第 3 行为实例对象提供了 mutations 配置项，通过事件处理方法改变组件状态，最终将 state 状态反映到组件中，与 Vue 实例中的 methods 属性相似。

但是，当我们的应用遇到多个组件共享状态时，单向数据流的简洁性很容易被破坏，原因如下：

（1）多个视图依赖于同一状态。

（2）来自不同视图的行为需要变更同一状态。

对于第一个问题，传参的方法对于多层嵌套的组件将会非常烦琐，并且对于兄弟组件间的状态传递无能为力。对于第二个问题，我们经常会采用父子组件直接引用或者通过事件来变更和同步状态的多份拷贝。以上的这些模式非常脆弱，通常会导致无法维护的代码。

因此，我们把组件的共享状态抽取出来，以一个全局单例模式来管理。在这种模式下，组件树构成了一个巨大的“视图”，不管在树的哪个位置，任何组件都能获取状态或者触发行为。

通过定义和隔离状态管理中的各种概念并通过强制规则维持视图和状态间的独立性，我们的代码将会变得更结构化且易维护。

这就是 Vuex 背后的基本思想，借鉴了 Flux、Redux 和 The Elm Architecture。与其他模式不同的是，Vuex 是专门为 Vue.js 设计的状态管理库，以利用 Vue.js 的细粒度数据响应机制来进行高效的状态更新。

Vuex 内部结构的工作流程关系如图 5-3 所示。

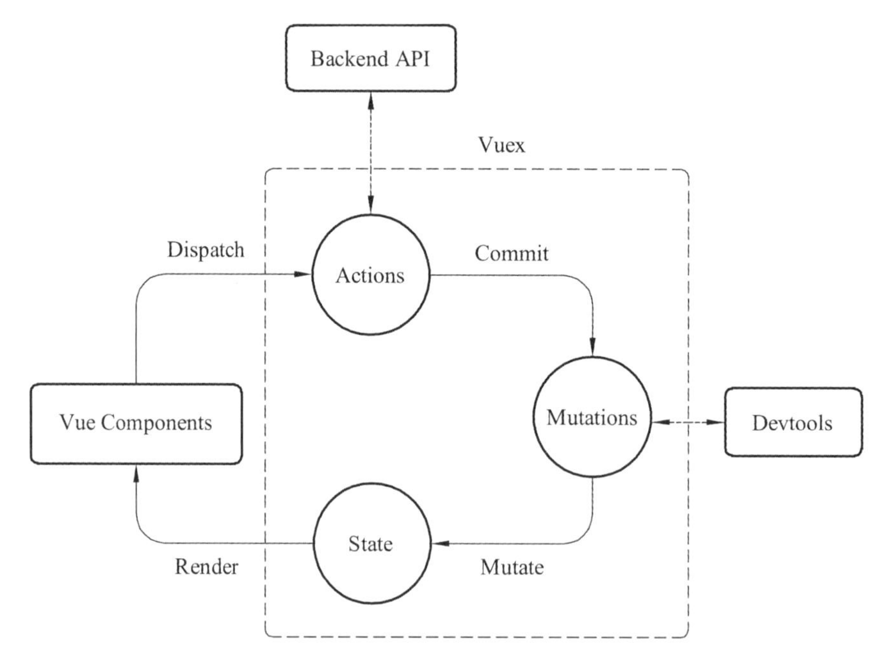

图 5-3　Vuex 内部结构的工作流程关系图

二、Vuex 的使用方式

Vuex 可以帮助我们管理共享状态，并附带了更多的概念和框架。是否使用 Vuex 需要对短期和长期效益进行权衡。

如果您不打算开发大型单页应用，使用 Vuex 可能是烦琐冗余的。确实，如果应用相对简单，一个简单的 store 模式就足够所需了。但是，如果需要构建一个中大型单页应用，很可能会考虑如何更好地在组件外部管理状态，Vuex 将会成为自然而然的选择。

任务二　vuex 的安装使用

Vuex 的安装方式与 Vue 安装类似，这里介绍三种安装方法。一是通过官网 https://vuex.vuejs.org/zh/直接下载 Vuex.js 文件并通过<script>标签引入；二是在 npm 中通过命令方式安装；三是通过 yarn 命令 yarn add vuex 进行安装，下面分别进行介绍。

一、Vuex.js 单文件下载直接引用

从 Vuex 官网可以下载 Vuex.js 文件，下载完成后放入我们的项目目录中。如下所示：

```
<script src="vue/vue.js"></script>
<script src="vue/vuex.js"></script>
```

注意要放在 vue 之后，引入 vuex 后会进行自动安装。

二、CDN 方式引用

Unpkg.com 提供了基于 NPM 的 CDN 链接 https://unpkg.com/vuex，一般会指向 NPM 上发布的最新版本。您也可以通过 https://unpkg.com/vuex@2.0.0 这样的方式指定特定的版本。CDN 引入方式如下：

```
<script src="vue/vue.js"></script>
<script src="https://unpkg.com/vuex@2.0.0"></script>
```

三、NPM 命令导入到项目中

在运行中输入 cmd 进入 dos 界面，进入项目目录中运行命令：npm install vuex --save

四、Yarn 包管理命令导入到项目中

在运行中输入 cmd 进入 dos 界面，进入项目目录中运行命令：yarn add vuex

注意：在一个模块化的打包系统中，必须显式地通过 Vue.use()来安装 Vuex，当使用全局 script 标签引用 Vuex 时，不需要以上安装过程。

```
import Vue from 'vue'
import Vuex from 'vuex'
Vue.use(Vuex)
```

五、Promise 方式

Vuex 依赖 Promise，如果浏览器并没有实现 Promise（比如 IE），那么可以使用一个 polyfill 的库，例如 es6-promise。

你可以通过 CDN 将其引入：

```
<script src="https://cdn.jsdelivr.net/npm/es6-promise@4/dist/es6-promise.auto.js"></script>
```

然后 window.promise 会自动可用。

如果你喜欢使用诸如 npm 或 Yarn 等包管理器，可以按照下列方式执行安装：

```
npm install es6-promise --save # npm
yarn add es6-promise # Yarn
```

或者更进一步，将下列代码添加到使用 Vuex 之前的一个地方：

import 'es6-promise/auto'

六、自己构建

如果需要使用 dev 分支下的最新版本，可以直接从 GitHub 上复制代码并自己构建。

```
git clone https://github.com/vuejs/vuex.git node_modules/vuex
cd node_modules/vuex
npm install
npm run build
```

模块二　认识 store 模式

每一个 Vuex 应用的核心就是 store（仓库）。store 基本上就是一个容器，包含着应用中大部分的状态（state）。Vuex 和单纯的全局对象有以下两点不同：

（1）Vuex 的状态存储是响应式的。当 Vue 组件从 store 中读取状态的时候，若 store 中的状态发生变化，那么相应的组件也会相应地得到高效更新。

（2）不能直接改变 store 中的状态。改变 store 中的状态的唯一途径就是显式地提交（commit）mutation。这样使得我们可以方便地跟踪每一个状态的变化，从而让我们能够实现一些工具，帮助我们更好地了解应用。

在学习使用 Vuex 之前，我们先手动地完成一个状态管理案例，进而从本质上理解 store 模式的基本原理。懂得 store 模式基本原理之后，学习和使用 Vuex 就会非常容易了。

下面我们以一个简单的农副产品加入购物车为例，假如我们要实现下面的简单购物页面，效果图如图 5-4 所示。

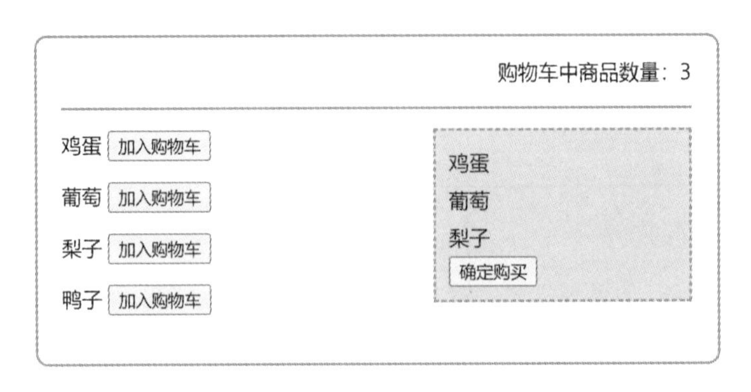

图 5-4　购物车页面效果

实现思路：页面左边是产品信息列表，右边是购物车，当选中产品后点击“加入购物车”按钮，对应的商品就会出现在右侧的购物车中，同时还会更新顶部的“购物车中商品的数量”，单击购物车中的“确定购买”按钮，购物车中的商品将被清零。

通过上面的效果和分析可知，此案例中我们需要构造两个组件，左侧的各个商品项可封装在统一的 product 组件中，右侧的购物车可封装在 cart 组件中。

一、页面整体结构

本案例首先创建一个页面例 5-1.html。在这个页面中左边实现产品的展示组件（product），右边实现购物车的组件（Cart）中，代码如下：

```
<!-- 购物车页面结构代码 -->
<div id="app">
    <header><p>购物车中商品数量：{{cartCount}}</p></header>
    <div class="product-list">
            <product name="鸡蛋"></product>
    <product name="葡萄"></product>
    <product name="梨子"></product>
    <product name="鸭子"></product>
    </div>
    <cart></cart>
</div>
```

可以看出，html 页面结构很清晰，顶部存放显示的是当前购物车中商品的数量 cartCount；左侧的商品列表通过<div>标记中调用 product 组件来实现，可通过 name 属性设定商品的名称；页面右侧的购物车则通过调用 cart 组件来实现。现在就需要构建两个组件（Product，Cart）。

二、创建 store 对象

为了更好实现组件之间数据共享，我们使用“store 模式”把组件之间需要共享的数据提取出来，单独封装为一个对象，具体代码如下：

```
// 创建 store 对象
    let store = {
        state:{
            products:[]
        },
        getProducts(){
            return this.state.products;
        },
        addToCart(name){
            if(!this.state.products.includes(name))
                this.state.products.push(name);
```

```
        },
        checkOut(){
            this.state.products=[];
        }
    };
```

上述代码给 store 对象设置了一个状态属性 state，里面是所有需要集中控制的共享数据，这里是用 products 数组来存储。本案例进行了简化，在 products 数组中只记录了商品的名称。

上述 store 代码中还有三个对 state 对象的操作方法，具体功能如下：

getProducts()：主要用来读取购物车中的商品列表信息。

addToCart()：用于将一个商品加入购物车中，name 参数用于传递商品的名称。我们可以先检查购物车中是否已经有此商品，有的话就直接返回，没有就加入。

checkOut()：主要用来下订单，这里没有写出真正的订单逻辑，只是模拟了下完订单后，把购物车清空的操作。

通过上面的代码，我们就有了包含一个状态数据以及三个操作状态数据的方法的 store 对象。

三、如何使用 store 对象

前面已经定义了 store 对象，后面所有的组件都需要通过这个 store 对象来实现数据的共享，而不能在组件之间相互直接访问数据。

（1）在例 5-1.html 页面中构造 product 组件，具体代码如下：

```
  // 构造 product 组件
    let product = Vue.component("product", {
        data(){
            return {
                store        //ES6 语法
            }
        },
        props:['name'],
        methods: {
            addToCart(){
              this.store.addToCart(this.name);
            }
        },
        template:`
        <p :name="name">
          {{name}}
          <button @click="addToCart">加入购物车</button>
        </p>`
    });
```

上述代码中，可以看到 data 中直接使用了上面定义的 store 对象，此外还声明了一个 name 属性用于向组件中传递商品的名称，template 部分使用一个 p 元素来显示商品的 name 属性，此外还显示了“加入购物车”按钮，在为其绑定好单击事件后，在事件处理方法中即可调用 store 对象的 addToCart()方法。

注：上面 data 中使用的是 ES6 的语法，如果使用传统的 ES5 语法，那么需要写成下面的形式。换言之，如果一个对象的属性名称正好是属性值的名称，就可以采用简写形式。

```
data(){
        return {
        // store:store     //ES5 语法
        }
    }
```

（2）在例 5-1.html 页面中构造 Cart 组件，具体代码如下：

```
// 构造 cart 组件
  let cart = Vue.component("cart", {
      data(){
          return {
              store
          }
      },
      methods: {
          checkOut(){
            this.store.checkOut();
          }
      },
      template:`
      <div class="cart">
        <ul>
          <li v-for="item in store.getProducts()">{{item}}</li>
        </ul>
        <button @click="checkOut">确定购买</button>
      </div>`
  });
```

我们还是在 data 中直接使用 store 对象。在 template 部分，则使用一个列表显示保存的 store 对象中商品名称的数组，同时加入“确定购物”按钮。单击后便调用 store 对象中定义的 checkOut()方法。

（3）在例 5-1.html 页面中构造根实例，具体代码如下：

```
/// 构造根实例对象
  var vm = new Vue({
```

```
    el: '#app',
    data:{store},
    computed: {
      cartCount(){
        return this.store.getProducts().length;
      }
    }
  });
```

为了方便使用，我们把 product 和 cart 组件都注册成全局组件了，因此在定义根实例时候，不需要再进行组件注册了。当然读者有兴趣也可以把它们注册成局部组件，再对比两者的区别。

> **注意：** 从上面的案例可以得出，我们在根实例中直接以对象方式在 data 部分使用了 store 对象，那么在 product 和 cart 组件中则必须以函数的方式使用定义的 data 属性。

上面的代码还定义了一个计算属性 cartCount，它计算出来的值就是对象 store 中的 products 数组长度，也就是购物车中商品数量。到此整个案例就可以正常访问查看了。

> **核心要点说明：**
>
> 此案例中可以看到 1 个根实例、4 个 product 组件和 1 个 cart 组件实例，它们都需要读取或是改变购物车中商品列表，因此这里的“商品列表”就是一种被多个组件实例共享的“状态”，我们将其存放在 store 对象中，以便集中统一管理。组件之间都不直接交互，而是通过 store 对象来实现读取和修改操作，这就是“store 模式”的核心思想。

在 store 模式中，我们把读取状态的方法称为“getter”（读取器），把修改状态的方法称为“action”（动作），如图 5-5 所示。

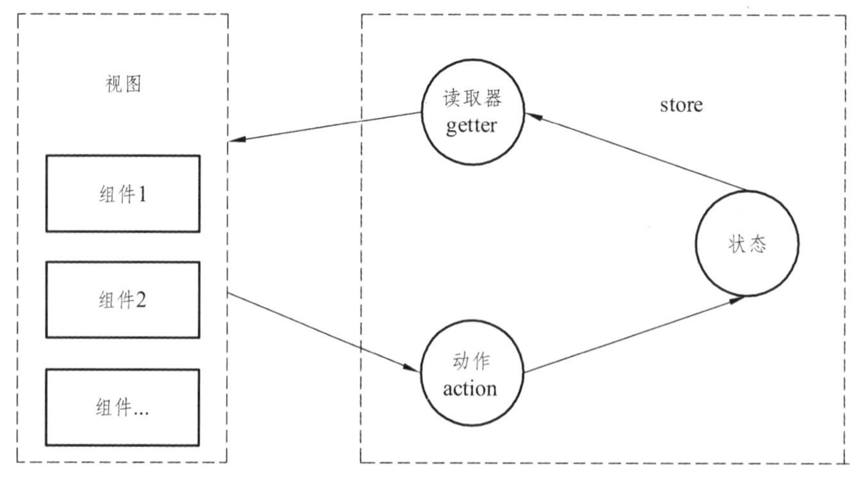

图 5-5　store 工作模式

> **注意：**不应该在 action 中替换原始的状态对象，因组件和 store 需要引用同一个共享对象，这样变更才能够被观察到。如在本案例中的 checkOut()方法中，我们更换的是 porducts 对象而不是 state 对象。

模块三　Vuex 配置选项

本模块主要讲解 store 实例中常用的配置选项的作用，主要包括 store 实例中的 state 初始数据的基本概念，如何通过 commit()方法提交 mutations 中定义的函数来改变初始数据状态，actions 选项与 muations 配置项的区别，plugins 选项的作用，getters 选项定义计算属性获取最终值等。

任务一　state

在 Vuex 中，state 是基本数据，用于存放状态。当没有使用 state 的时候，直接在 data 中进行初始化；有了 state 之后，我们就把 data 上的数据转移到 state 上去了。在 Vuex 中使用的是单一状态树来管理应用的所有状态，即用一个对象就包含了全部的状态数据。

用户可以在组件中直接使用 this.$store.state.模块名.属性名或者在模板中使用$store.state.模块名.属性名。

一、单一状态树

Vuex 使用单一状态树，即用一个对象就包含了全部的应用层级状态，至此它便作为“唯一”数据源而存在。这也意味着，每个应用将仅仅包含一个 store 实例。单一状态树让我们能够直接定位任一特定的状态片段，在调试的过程中也能轻易地取得整个当前应用状态的快照。

单一状态树和模块化并不冲突，在后面的章节里我们会讨论如何将状态和状态变更事件分布到各个子模块中。

存储在 Vuex 中的数据和 Vue 实例中的 data 遵循相同的规则。

二、在 Vue 组件中获得 Vuex 状态值

（1）由于 Vuex 的状态存储是响应式的，从 store 实例中读取状态最简单的方法就是在计算属性中返回某个状态：

```
// 创建一个 Counter 组件
const Counter = {
  template: `<div>{{ count }}</div>`,
  computed: {
    count () {
      return store.state.count
    }
  }
}
```

（2）创建 store 对象，并准备初始状态值 state:2：

```
// 创建 store 对象
        let store={
            state:{
              count:2
            },
        }
```

（3）每当 store.state.count 变化的时候，都会重新求取计算属性，并且触发更新相关联的 DOM。

然而，这种模式导致组件依赖全局状态单例。在模块化的构建系统中，在每个需要使用 state 的组件中需要频繁地导入，并且在测试组件时需要模拟状态。

Vuex 通过 store 选项提供了一种机制，将状态从根组件“注入”到每一个子组件中（需调用 Vue.use(Vuex)）：

```
const app = new Vue({
  el: '#app',
  // 把 store 对象提供给“store”选项，这样可以把 store 的实例注入所有的子组件
  store,
  components: { Counter },
  template: `
    <div class="app">
      <counter></counter>
    </div>
  `
})
```

（4）通过在根实例中注册 store 选项，该 store 实例会注入到根组件下的所有子组件中，且子组件能通过 this.$store 访问到。让我们更新下 Counter 的实现：

```
const Counter = {
  template: `<div>{{ count }}</div>`,
  computed: {
    count () {
      return this.$store.state.count
    }
  }
}
```

上面分步实现了 store 中状态数据的展示。完整代码参照例 5-2.html。

三、mapState 辅助函数

当一个组件需要获取多个状态的时候，将这些状态都声明为计算属性会有些重复和冗余。为

了解决这个问题，我们可以使用 mapState 辅助函数帮助我们生成计算属性，完整代码见例5-3.html。

（1）创建要显示内容的结构：

```
<div id="app">
            <p>姓名：{{name}}年龄：{{age}}</p>
        </div>
```

（2）创建 store 对象，定义两个状态数据：

```
// 创建 store 对象
            var store=new Vuex.Store({
                state:{
                    age:30,
                    name:'zsb'
                },
            })
```

（3）借助辅助函数完成多个状态值的返回：

```
var mapState=Vuex.mapState
            const vm = new Vue({
                el: '#app',
                store,
              computed: mapState({
                  // 箭头函数可使代码更简练
                    age: state => state.age,
                    name:state=>state.name,
              }),
            })
```

四、对象展开运算符

mapState 函数返回的是一个对象，我们如何将它与局部计算属性混合使用呢？通常，我们需要使用一个工具函数将多个对象合并为一个，以使我们可以将最终对象传给 computed 属性。但是自从有了对象展开运算符，我们可以极大地简化写法：

```
computed: {
    localComputed () { /* ... */ },
    // 使用对象展开运算符将此对象混入到外部对象中
    ...mapState({
        // .省略代码
    })
}
```

五、组件仍然保有局部状态

使用 Vuex 并不意味着需要将所有的状态放入 Vuex。虽然将所有的状态放到 Vuex 会使状态变化更显式和易调试，但也会使代码变得冗长和不直观。如果有些状态严格属于单个组件，最好还是作为组件的局部状态。用户应该根据应用开发需要进行权衡和确定。

任务二　mutations

更改 Vuex 的 store 中状态的唯一方法是提交 mutation。Vuex 中的 mutation 非常类似于事件：每个 mutation 都有一个字符串的事件类型（type）和一个回调函数（handler）。这个回调函数就是我们实际进行状态更改的地方，并且它会接受 state 作为第一个参数：

一、mutations 同步操作

在调试组件状态时，mutations 提交的日志信息都会被记录下来。

通过 devtools 来完成前一状态和后一状态的信息记录。

触发 mutations 中的事件处理方法来更新页面状态的变化，这是一种同步状态。

（1）每一个 Vuex 应用的核心就是 store,即响应式容器，它用来定义应用中的数据以及数据处理工具。Vuex 的状态存储是响应式的，当 store 中数据状态发生变化，那么页面中的 store 数据也会发生相应的变化。但是改变 store 中状态的唯一途径就是显示地提交 mutation，这样可以方便地跟踪每一个状态变化。通过事件提交 mutations 中定义的方法就可以完成组件状态同步更新。下面通过例 5-4.html 进行演示讲解。

例 5-4.html

```
<div id="app">
        <button @click="increment">计数</button>
        <p>{{ this.$store.state.count }}</p>
    </div>
    <script>
        const store = new Vuex.Store({
            state: {
                count: 0
            },
            // 修改 count 的值
            mutations: {
                increase (state) {
                    state.count++
                }
            }
        })
        var vm = new Vue({
            el: '#app',
```

```
            store,
            methods: {
                increment () {
                    this.$store.commit('increase')
                }
            }
        })
    </script>
```

注：store 对象中的 state 状态中数据只有通过 mutations 中定义的方法进行修改，而 mutations 中定义的方法要想被触发只能通过 store 对象的 commit()方法进行提交才可以被运行。

（2）mutations 选项中的事件处理方法接收 state 对象作为参数，即初始数据，使用时只需要在 store 实例配置对象中定义 state 即可。mutations 中的方法用来进行 state 数据操作，在组件中完成 mutations 提交就可以完成组件状态更新。下面通过案例 5-5.html 来完成带参数的数据传递。

例 5-5.html

```
<div id="app">
        <button @click="param">数据传递</button>
        <p>{{ this.$store.state.param }}</p>
    </div>
    <script>
        var store = new Vuex.Store({
            state: { param: '' },
            mutations: {
                receive (state, param) {
                    state.param = param
                }
            },
        })
        var vm = new Vue({
            el: '#app',
            store,
            methods: {
                param () {
                    this.$store.commit('receive', '我是传递过来的数据')
                }
            }
        })
    </script>
```

上述代码中，在页面的 p 元素中显示 state 状态数据，在 strore 中的 mutations 中定义了事件处理方法 receive，它接收了两个参数 state 和 param，在方法中将形参 param 赋值给 state 中的 param，通过单击事件绑定到页面中的“传递数据”按钮上，实现了单击按钮就显示 param 的值。运行 5-5.html 效果如图 5-6 所示。

127.0.0.1:8848/ydm/5/5-5.html

数据传递

我是传递过来的数据

图 5-6 mutations 同步传递数据

（3）修改 commit()方法中传递参数代码，传入对象形式参数。代码如下：

```
// 2.传递对象形式参数
this.$store.commit({type:'receive',name: '我是传递过来的数据'})
```

（4）修改 mutations 中接收参数的方法，代码如下：

```
// 通过对象传参获得值
State.Param=Param.name
```

（5）Vue 提供了 devtools 工具用来进行项目调试（前面已介绍过安装方法），在调试组件状态时 mutations 提交的日志信息都会被记录下来，通过 devtools 来完成前一状态和后一状态的信息记录。在浏览器中审查元素切换到 vue 面板，即可使用 devtools 工具进行调试查看。devtools 工具调试效果如图 5-7 所示。

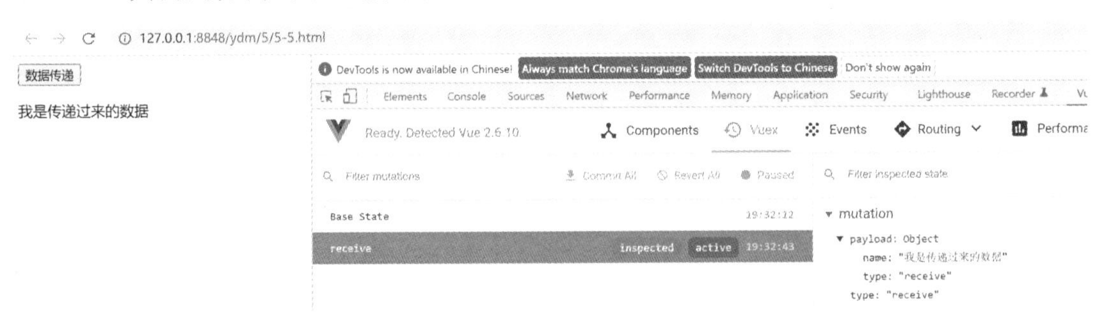

图 5-7 devtools 工具调试效果

二、mutations 异步操作

（1）mutations 是同步函数，组件状态发生变化时，触发 mutations 中的事件处理方法来更新页面状态的变化，这是一种同步状态。同步方法是同步执行主要记录当前状态的变化，同步到页面中。mutations 中如果有异步操作，devtools 就很难追踪状态的改变。下面我们通过案例 5-6 进行演示。

例 5-6.html

```
<div id="app">
  <button @click="ybzx">异步执行</button>
  <p>{{ this.$store.state.count }}</p>
</div>
<script>
  var store = new Vuex.Store({
    state: { count: 0 },
    mutations: {
      receive (state) {
        setTimeout(function () {
          state.count++
        }, 2000)
      }
    }
  })
  var vm = new Vue({
    el: '#app',
    store,
    methods: {
      ybzx () {
        this.$store.commit('receive')
      }
    }
  })
</script>
```

上述代码中，当单击页面中的异步执行按钮，单击事件调用了处理函数 ybzx 使用 commit() 提交了 mutations 项中的 receive 方法。在该方法中通过定时器函数 setTimeout()实现了 2000 ms 后让 count 值增加 1 的异步操作。

（2）打开例 5-6.html 文件，单击“异步执行”按钮后，运行结果如图 5-8 所示。

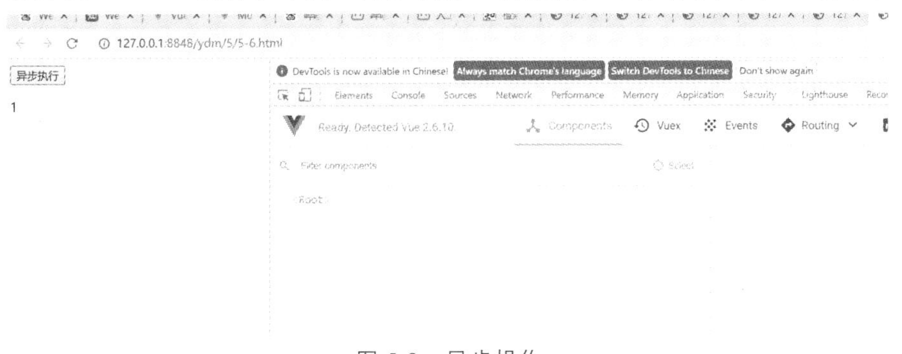

图 5-8　异步操作

由图 5-8 所示，devtools 调试工具中 count 值与页面中展示的数据不同步，这是因为当 mutations 触发的时候，setTimeout()传入的异步回调函数还没有执行。因为 devtools 不知道异步回调函数什么时候被调用，所以任何在回调函数中进行的状态改变都是不可追踪的。

任务三　actions

在 Vuex 中，actions 是用于处理异步操作的。actions 可以看作是一个纯函数，它接收一个 context 对象作为参数，这个 context 对象包含了 commit 和 dispatch 两个方法，我们可以通过 context.commit 来提交 mutation，也可以通过 context.dispatch 来分发 action。

一、actions 配置项用于定义事件处理方法并处理 state 数据

actions 类似于 mutations，不同在于 action 是异步执行。事件处理函数可以接收{commit}对象，完成 mutation 提交，从而方便 devtools 调试工具跟踪状态的 state 变化。

（1）在使用时，需要在 store 仓库中注册 actions 选项，在里面定义事件处理方法。事件处理方法接收 context 作为第 1 个参数，payload 作为第 2 个参数。下面我们通过案例 5.7 进行演示来掌握 actions 和 mutations 的区别。

例 5-7.html

```
<div id="app">
  <button @click="mut">查看 mutations 接收的参数</button>
  <button @click="act">查看 actions 接收的参数</button>
</div>
<script>
  var store = new Vuex.Store({
    state: {
      name: '刘五',
      age: 30,
      gender: '女'
    },
    mutations: {
        // 默认参数为 store 中状态数据
      mutmethod(state) {
        console.log(state)
      }
    },
    actions: {
      actmethod (context) {
        console.log(context)
```

```
                    // console.log(param)
                }
            }
        })
        var vm = new Vue({
            el: '#app',
            store,
            methods: {
                mut () {
                    this.$store.commit('mutmethod') //commint提交的是mutations选项中定义的事件处理方法 mutmethod
                },
                act () {
                    this.$store.dispatch('actmethod') //dispatch 提交的是 actions 选项中定义的事件处理方法 actmethod
                }
            }
        })
    </script>
```

上述代码中，通过绑定页面按钮单击事件，触发了 vm 实例中的 methods 选项中定义的 mut 和 act 事件处理方法。在 mut 中通过 commit 提交了 mutation 提交，在 act 中通过 dispatch 提交了 action 状态分发。

（2）在浏览器中运行，分别单击两个按钮，运行结果如图 5-9 和图 5-10 所示。

图 5-9　state 对象

图 5-10　context 对象

由图 5-10 可知，mutations 中的事件方法接收的参数是 state 数据对象，actions 中的事件方法接收的参数为 context 对象。在 state 中能获得 store 中的状态数据，在 context 中能获取到 commit、dispatch、getters 和 state 等。

（3）修改 vm 中 methods 的方法，在第 2 个参数中传入一组字符值，如下所示：

```
this.$store.dispatch('actmethod', '我是 dispatch 方式提交传递的参数')
```

然后在 actions 中修改事件处理方法的接收参数：

```
actmethod (context, param) {
        console.log(context)
        console.log(param)
    }
```

修改完成上述代码后，可以在控制台中看到输出结果为"我是 dispatch 方式提交传递的参数"。

（4）修改修改 vm 中 methods 的方法，传入对象形式的参数，代码如下：

```
this.$store.dispatch({ type: 'test', name: '我是 dispatch 方式提交传递的参数' })
```

然后在 actions 中修改事件处理方法的接收参数：

```
// 对象形式传递参数
    actmethod (context, param) {
        console.log(context)
        console.log(param)//输出结果为：{ type: 'test', name: '我是 dispatch 方式提交传递的参数' }
    }
```

修改完成上述代码后，可以在控制台中看到输出结果为"{ type: 'test', name: '我是 dispatch 方式提交传递的参数' }"。

二、actions 中通过 context 提交到 mutations 的计数器案例

因为前面已讲过只能通过 mutations 选项中定义的事件处理方法去改变 store 中的状态数

据,那么想在actions中去改变store中的状态数据就需要将actions中的context提交到mutations中去修改。代码如下：

例 5-8.html

```
<script>
        const store = new Vuex.Store({
            state: { count: 0 },
            mutations: {
                increment (state) {
                    state.count++
                }
            },
            actions: {
                add (context) {
                    // 通过 context 对象中的 commit 方法提交 mutations 中的事件处理方法，从而完成状态数据更新
                    context.commit('increment')
                }
            }
        })
        var vm = new Vue({
            el: '#app',
            store,
            methods: {
                calc () {
                    this.$store.dispatch('add')
                }
            }
        })
    </script>
```

上述代码完成了通过 dispatch 提交 actions 中的事件处理方法，再由 actions 中的 context 对象中的 commit 方法提交 mutations 中事件处理方法，从而达到了 state 中状态数据的更新，从而达到 actions 异步执行的效果。运行结果如图 5-11 所示。

127.0.0.1:8848/ydm/5/5-8.html

计数 2

图 5-11　运用 actions 实现异步计数器案例

除此之外，为了简化代码，还可以在 actions 中直接完成 commit 提交，代码如下：

```
// 简化提交代码
add ({ commit }) {
commit('increment')
}
```

任务四　getters

在 Vuex 中，getters 用于处理计算属性，类似于 Vue 实例的 computed。getters 可以看作是一个纯函数，它接收一个 state 对象作为参数，并返回一个值。这个值可以是任意类型，但是必须是一个有效的 JavaScript 表达式。Getters 的返回值会根据它的依赖被缓存起来，只有当它的依赖值发生了变化才会重新计算。

一、通过属性访问

（1）getter 会暴露为 store.getters 对象，用户可以以属性的形式访问这些值。下面通过例 5-9 进行演示讲解。

例 5-9.html

```
<div id="app">
      <p>{{ this.$store.getters }}</p>
  </div>
  <script>
    const store = new Vuex.Store({
      state: {
        todos: [
          { id: 1, text: '输出为真', done: true },
          { id: 2, text: '输出为假', done: false }
        ]
      },
      getters: {
        doneTodos: state => {
          return state.todos.filter(todo => todo.done)
        },
      }
    })
    var vm = new Vue({ el: '#app', store })
  </script>
```

由上述代码可知，在 getters 选项中定义了 doneTodos 方法接收 state 参数，再通过 filter 过滤器对 todos 数组进行处理。这里应用的是箭头函数，箭头函数的参数是 todo，表示数组中的每一个对象，使用 todo.done 为条件为每个对象中一个单元作为返回值，如果为真时，就会在 filter 方法返回的数组中添加这条数据，为假就不返回。

（2）在浏览器中运行并查看效果，如图 5-12 所示。

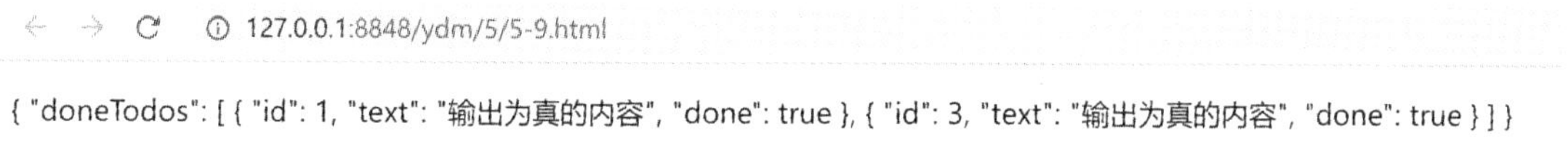

← → C ⓘ 127.0.0.1:8848/ydm/5/5-9.html

{ "doneTodos": [{ "id": 1, "text": "输出为真的内容", "done": true }, { "id": 3, "text": "输出为真的内容", "done": true }] }

图 5-12　通过 getters 计算属性获取值并转出

（3）图 5-12 只展示了 todos 数组中为真的那条数据，利用 getters 还可以获取 doneTodos 数组以及数组的 length 值。getters 选项中增加 doneTodosCount 方法接收其他 getters 作为第 2 个参数，通过 getters 就可以获取 doneTodos 数组或数组的长度，修改上述代码如下：

```
doneTodosCount: (state, getters) => {
        return getters.doneTodos.length
    }
```

然后把 doneTodosCount 放入页面的 div 中，可以看到获取数组的长度为 2：

```
<p>{{ this.$store.getters.doneTodosCount }}</p>
```

（4）完成后在浏览器中打开，运行效果如图 5-13 所示。

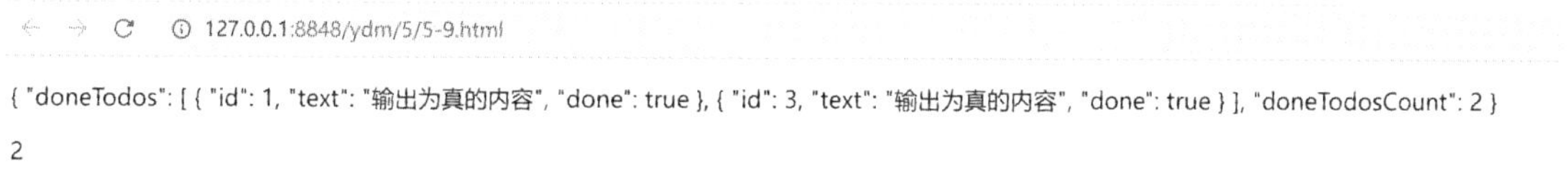

← → C ⓘ 127.0.0.1:8848/ydm/5/5-9.html

{ "doneTodos": [{ "id": 1, "text": "输出为真的内容", "done": true }, { "id": 3, "text": "输出为真的内容", "done": true }], "doneTodosCount": 2 }

2

图 5-13　getters 作为第 2 个参数计算结果图

二、getters 实现农产品信息查询功能案例

为了更好地理解和运用 getters 实现项目开发，下面以农产品信息查询的简单案例 5.10 来进行演示。

（1）创建页面结构，页面结构有标题、文本框、查询按钮、最后搜索结果的展示和最初全部数据的显示。具体代码如下：

```
<div id="app">
    <h2>列表查询</h2>
    <input type="text" v-model="id">
    <button @click="search">搜索</button>
    <p>搜索结果：{{ }}</p>
    <ul>
        <li ></li>
    </ul>
</div>
```

（2）准备状态 store 中的数据，即农产品信息：

```
<script>
        const store = new Vuex.Store({
          state: {
            todos: [
              { id: 1, text: '葡萄' },
              { id: 2, text: '香蕉' },
              // 此处可以添加更多数据…
            ],
            id: 0
          },
          })
          </script>
```

（3）创建 vue 对象，挂载 store 选项，修改页面结构中读取 store 状态数据的程序：

```
//创建 vue 对象，挂载 store 选项
var vm = new Vue({
              el: '#app',
              data: { id: '' },
              store,
              store,
            })
//修改页面结构，循环读出农产品数据
<li v-for="item in this.$store.state.todos">{{ item }}</li>
```

（4）定义按钮查询事件方法,当点击页面中查询按钮时触发方法完成 Store 中的 mutations 选项中的事件处理方法 search 提交：

```
// 定义按钮查询事件方法，提交 Store 中的 mutations 选项中的事件处理方法 search 提交
          methods: {
            search () {
              this.$store.commit('search', this.id)
            }
          }
```

（5）在 mutations 选项中完成 state 中 id 值的更改(来自前端页面输入的值)：

```
// mutations 选项中完成 state 中 id 值的更改(来自前端页面输入的值)
          mutations: {
            search (state, id) {
              state.id = id
            }
          },
```

（6）配置 getters 选项，根据 state 中的 id 值去过滤匹配出满足查询条件的内容，并返回给计算属性 search，修改页面结构中显示计算属性值的部分，代码如下：

```
    // 配置 getters 选项,根据 state 中的 id 值去过滤匹配出满足查询条件的内容,并返回给计算属性 search
            getters: {
              search: state => {
                return state.todos.filter(todo => todo.id == state.id)
              }
            }
```

（7）修改页面结构，显示计算属性返回值：

<p>搜索结果：{{ this.$store.getters.search }}</p>

上面代码完成后，在浏览器中运行，效果如图 5-14 所示。

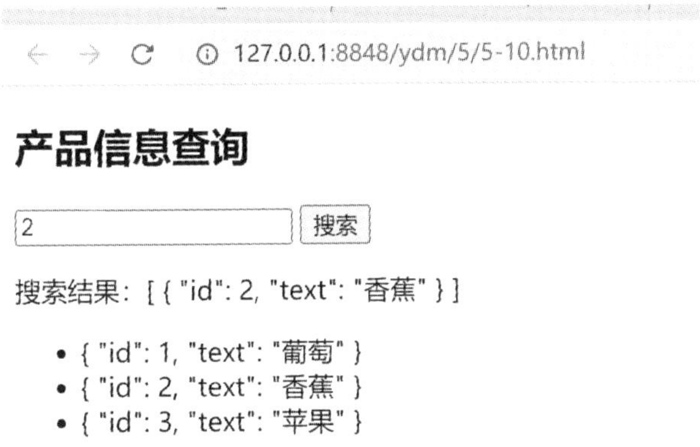

图 5-14　产品查询效果

任务五　modules

由于使用单一状态树，应用的所有状态会集中到一个比较大的对象中。当应用变得非常复杂时，store 对象就有可能变得相当臃肿。

为了解决以上问题，Vuex 允许我们将 store 分割成模块（module）。每个模块拥有自己的 state、mutation、action、getter 甚至是嵌套子模块（从上至下进行同样方式的分割），这样可以让应用的状态更加清晰，方便管理。

（1）modules 是 store 实例对象的选项。

（2）对 store 对象仓库进行标准化管理。

modules 配置选项与 store 数据仓库中的参数是相同的，其参数构成如下：

```
key: {   // key 表示模块名称
  state, // 初始数据
  mutations, // 状态提交，同步
  actions, // 状态分发，异步
```

```
    getters, // 计算属性
    modules // 嵌套模块
  },
```

上述代码中，key 表示模块名称，可自己命名，主要通过对象中的属性描述模块的功能。下面我们通过案例 5-10 的演示来加强模板的学习。

例 5-10.html

```
<script>
    const moduleA = {
        state: { nameA: 'A' },
         mutations: {
                search (state) {
                   console.log(state)
                }},
         actions: { },
         getters: {}
    }
    const moduleB = {
       state: { nameB: 'B' },
        mutations: {},
        actions: {}
    }
    const store = new Vuex.Store({
       state:{name:'zsb'},
       modules: {
           a: moduleA,
           b: moduleB
       }
    })
    var vm = new Vue({
       el: '#app',
       store
    })
    console.log(store.state.a)
    console.log(store.state.b)
</script>
```

在浏览器中查看运行效果，如图 5-15 所示。

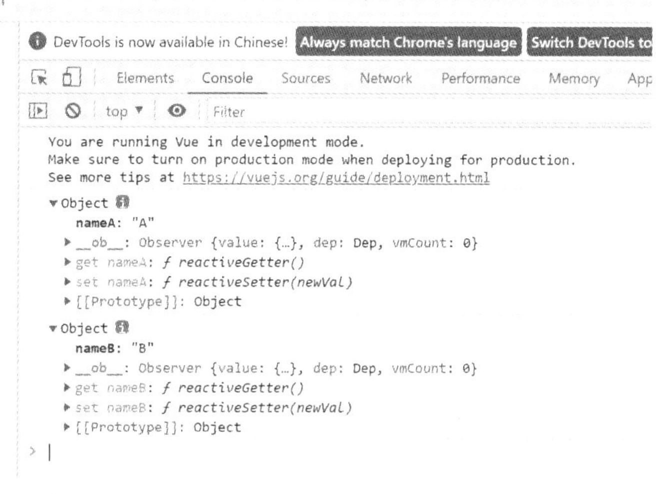

图 5-15　查看模块注册单元信息

上图所示，在控制台输出模块 a 和模块 b 两个对象，说明模块已注册成功。

任务六　plugins

在 Vuex 中，plugins 是用于扩展 Vuex 的插件。每个插件都是一个函数，它接收 store 作为唯一参数。用户可以在创建 store 时使用 plugins 选项来注册插件。特点如下：

（1）函数接收参数 store 对象作为参数。

（2）store 实例对象的 subscribe 函数可以用来处理 mutation。

（3）函数接收参数为 mutation 和 state。

为了更好地理解和运用插件，下面通过案例 5-11 的演示来加强学习。其代码如下：

例 5-11.html

```
<script>
  const myPlugin = store => {
    // 当 store 初始化后调用
    store.subscribe((mutation, state) => {
      // 每次 mutation 提交后调用，mutation 格式为 {type, payload}
      console.log(mutation.type, mutation.payload)
    })
  }
  const store = new Vuex.Store({
    mutations: {
      do (state) {
        console.log(state)
      }
    },
```

```
        plugins: [myPlugin]
      })
      store.commit('do', 'plugin')
    </script>
```

上述代码中首先定义了一个 myPlugin 插件函数，函数接收到 store 实例中的对象，再运用 store.subscribe 函数在 store 实例初始化完成后调用，接收参数为 mutation 和 state，然后在 store 实例中使用 myPlugin 插件，最后通过 commit 提交名称为 do 的 mutation，对应 mutations 中的 do 函数。

在浏览器中查看运行效果，如图 5-16 所示。

图 5-16　查看插件安装运用

任务七　devtools

Vuex devtools 是一个浏览器调试插件，可以用于调试 Vue.js 应用程序。它提供了诸如零配置的 time-travel 调试、状态快照导入导出等高级调试功能。

用户可以在浏览器上安装 Vue Devtools 并直接内嵌在开发者工具中，使用体验流畅。特点如下：

（1）默认值为 true，表示在启用，设为 false 表示停止使用。

（2）devtools 选项经常用在一个页面中存在多个 store 实例的情况。

为了更好理解和运用调试工具，在例 5-12 的基础上做一些简单修改，通过一个案例 5-12 的演示来加强学习。其代码如下：

例 5-12.html

```
<div id="app"></div>
  <script>
    const store = new Vuex.Store({
      mutations: {
        do (state) {}
      },
      // devtools 选项
      devtools: true
```

```
    })
    store.commit('do', 'plugin')
    var vm = new Vue({ el: "#app", store })
</script>
```

在浏览器中查看运行效果，如图 5-17 所示。

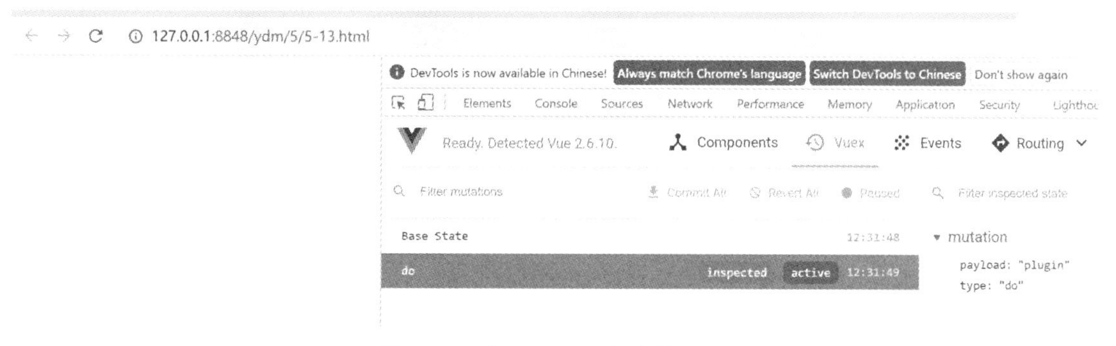

图 5-17　在 devtools 中启用 vuex

修改 devtools 值为 false，重新打开新页面，运行效果如图 5-18 所示。

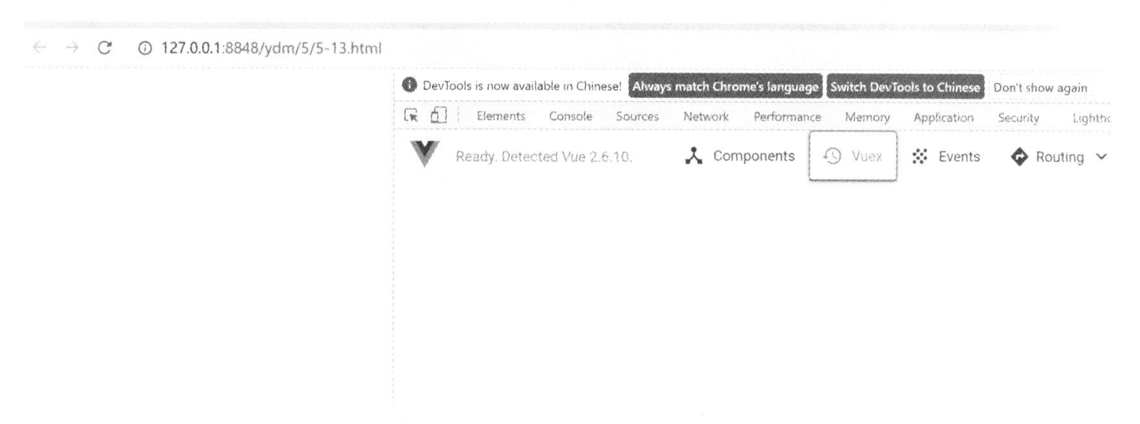

图 5-18　在 devtools 中启用 vuex

通过上面两种配置后的运行效果图，可以看出只有在 devtools 值为真的时候，运行才可以跟踪调试。

模块四　Vuex 的 API

Vuex.store()构造器创建的 store 对象提供了一些 API，可以进行状态替换、模块注册等，从而能够高效地进行项目开发。下面我们将对 Vuex 中的 API 进行介绍。

任务一　状态替换

在 Vuex 中，replaceState 方法用于替换当前的 store 状态。它接收一个对象作为参数，该对象包含要更新的状态和 getters。如果 state 或 getters 有变化，那么它们将被更新。

下面通过案例 5-13 进行演示。

例 5-13.html

```
<div id="app">
  <p>{{ this.$store.state.name }}</p>
</div>
<script>
  const store = new Vuex.Store({
    state: { name: 'name 替换前的数据' }
  })
  //通过 replaceState 替换了 store 中 state 中的数据
  store.replaceState({ name: '我是通过状态替换后的 state 数据' })
  var vm = new Vue({
    el: '#app',
    store
  })
</script>
```

通过上述代码，在 state 中定义了初始值“name 替换前的数据”，后面通过 replaceState 的 API 实现了状态数据值的替换，新值为“我是通过状态替换后的 state 数据'”。

通过浏览器运行例 5-13，运行效果如图 5-19 所示。

我是通过状态替换后的state数据

图 5-19　状态替换后效果图

查看运行图可知，状态 state 中的值已经替换成了图 5-19 中的效果。

任务二　模块注册

在 Vuex 中提供了模块化开发功能，主要通过 modules 选项完成注册。这种方式只能在 store 实例对象中进行配置，显得不灵活。store 实例对象提供了动态创建模块的接口，通过 registerModule 方法完成动态注册模块。它接收一个对象作为参数，该对象包含要注册的模块和模块的配置选项。如果模块已经注册过了，那么它的配置选项将被更新。

下面通过案例 5-14 进行演示。

例 5-14.html

```
<script>
// 定义了 store 对象
    const store = new Vuex.Store({ })
// store 对象中进行 myModule 模板注册,注册成功后给一状态数据 state
    store.registerModule('myModule', {
      state: {
        name: '我是通过 store.registerModule()定义的模块数据'
      }
    })
    document.write(store.state.myModule.name)
  </script>
```

通过上述代码，首先创建了 store 对象实例，再调用了 store.registerModule 方法接收模块名称为“myModule”作为第 1 个参数，接收配置对象作为第 2 个参数。配置对象与 Store 实例配置对象的参数是相同的。

通过浏览器运行例 5-14，运行效果如图 5-20 所示。

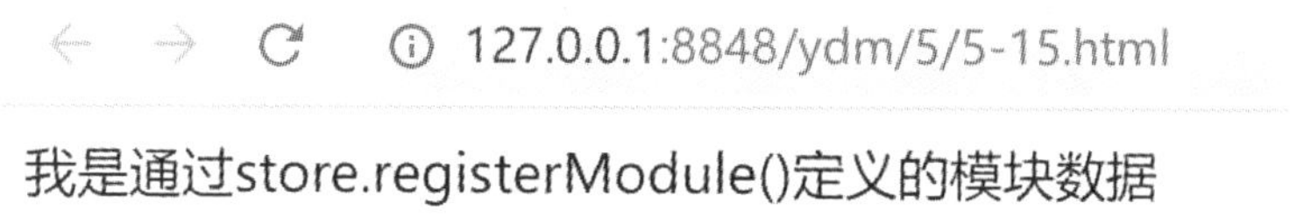

← → C ⓘ 127.0.0.1:8848/ydm/5/5-15.html

我是通过store.registerModule()定义的模块数据

图 5-20　模块注册效果图

查看运行图可知，状态中 store 中已经完成了 myModule 模块的注册并输出状态的数据。

模块五　农产品购物车功能案例

在前面完成了 Vuex 基础知识的学习之后，下面我们来讲解如何将 Vuex 应用到项目开发中。本模块将联系实现农产品的购物车综合案例进行演练，通过学习读者将学会掌握如何利用 Vuex 在购物车中进行状态的管理。

任务一　案例分析

购物车是电子商务中的一个重要功能，它可以帮助用户将多件商品组合在一起，方便用户进行购买，并计算购物车中的总价格。购物车的设计需要考虑到用户体验和商家利益两个方面。例如，购物车中的商品数量不能超过商家规定的数量，也不能小于 1。本案例主要由两个页面组成，“商品列表页面”和“购物车页面”，分别如图 5-21 和图 5-22 所示。

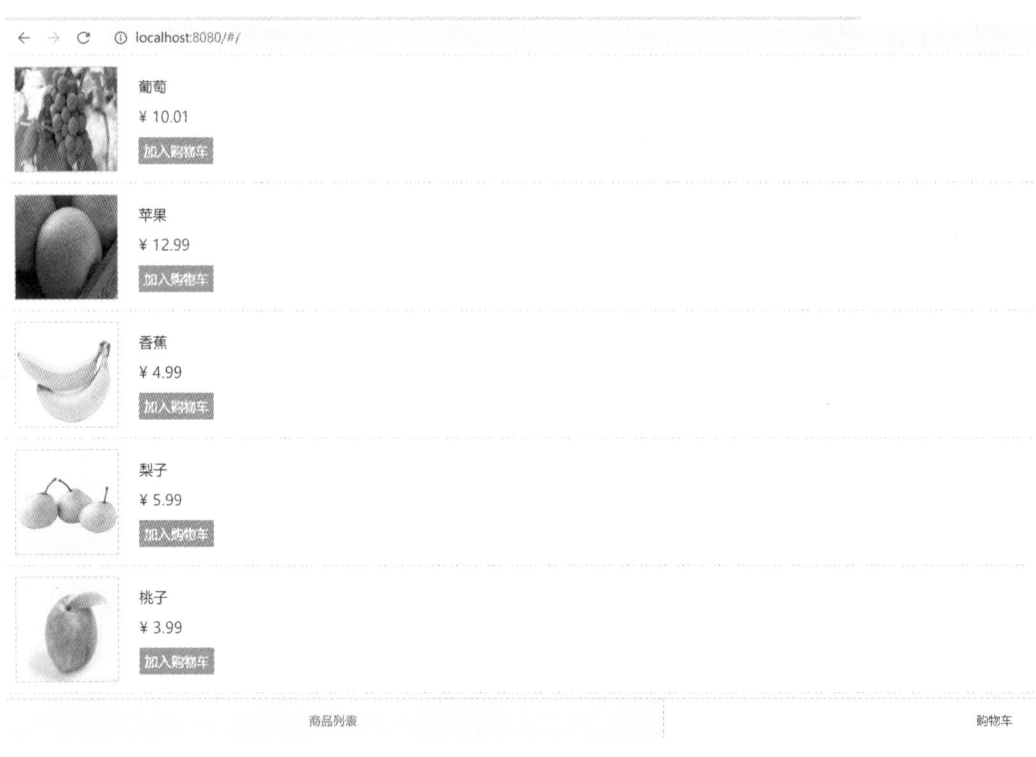

图 5-21　商品列表页面

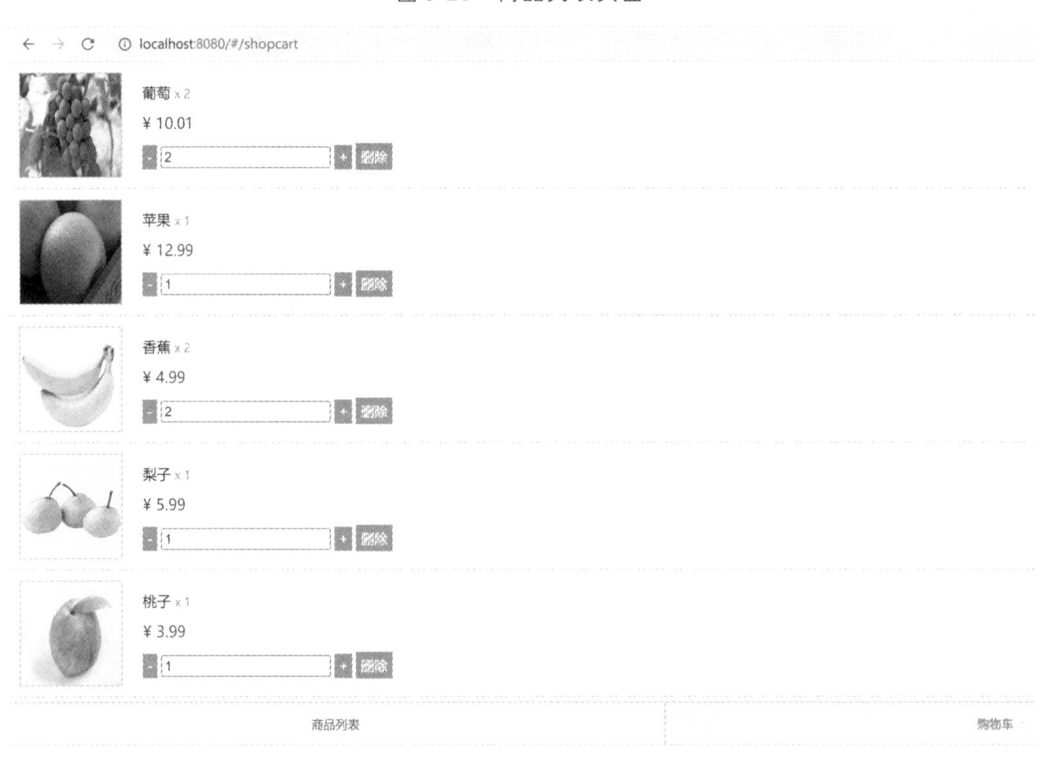

图 5-22　购物车页面

在程序运行后就进入图 5-21 所示商品列表页面中，单击“加入购物车”按钮，即可将商品添加到“购物车”页面中，可以点击询问导航切换到购物车页面查看购物商品数量和总价。如果想要购入某物，可以直接输入数量或是点击增加或减少按钮。如果不想购入某个商品，可以直接点删除按钮进行删除操作。

Vuex 并不限制代码结构，但是它规定了一些需要遵守的规则：

（1）应用层级的状态应该集中到单个 store 对象中。

（2）提交 mutation 是更改状态的唯一方法，并且这个过程是同步的。

（3）异步逻辑都应该封装到 action 里面。

只要遵守以上规则，就可以随意组织代码。如果 store 文件太大，只需将 action、mutation 和 getter 分割到单独的文件即可。

对于大型应用，我们会希望把 Vuex 相关代码分割到模块中。下面是本案例的目录结构：

```
├─index.html    // 首页入口文件
├─static   // 静态资源（图片）保存目录
├─src   // 源代码目录
    ├─main.js   //程序逻辑入口文件
    ├─App.vue   //App 组件
    ├─api   //API 目录
        ├─products.js // 模拟后端 API 返回数据
    ├─components   // 组件目录
        ├─GoodsList.vue// 商品列表组件
        ├─ShopCart.vue// 购物车组件
    ├─router   // 路由目录
        ├─index.js // 路由文件
    ├─store   // store 目录
        ├─ index.js            # 我们组装模块并导出 store 的地方
        ├─ actions.js          # 根级别的 action
        ├─ mutations.js        # 根级别的 mutation
        └─modules         //store 模块目录
            ├─cart.js         # 购物车模块
            └─products.js      # 产品模块
```

在上述目录结构中，static 目录用来保存商品的图片。模拟的商品数据保存在 src\api\products.js 文件中，在真实项目中，该数据文件用于请求后端服务器 API 获取商品数据，本案例将商品数据直接保存在该文件中，当调用时直接获取数据并返回。

任务二　代码实现

一、初始化项目

（1）打开命令行工具，切换到项目五目录中（在项目五所在目录下的地址栏中通过输入

cmd 进入命令行工具），通过 npm 包管理工具安装 vue 脚手架：

```
npm    install @vue/cli@3.10 -g
```

（2）通过 vue 命令创建 shopcart 项目。在项目安装过程中根据提示完成选择，最后完成 shopcart 项目的创建。命令如下：

```
vue init webpack shopcart
```

命令中选择如图 5-23 所示，回车后进入项目的创建。

```
'git' ◆◆◆◆◆ʢ◆◆◆◆ш◆◆◆Ϊ◆◆◆ø◆◆◆◆eĳ◆◆◆
◆◆◆◆◆◆◆ʅ◆
? Project name shopcart
? Project description A Vue.js project
? Author
? Vue build standalone
? Install vue-router? Yes
? Use ESLint to lint your code? No
? Set up unit tests Yes
? Pick a test runner jest
? Setup e2e tests with Nightwatch? Yes
? Should we run `npm install` for you after the project has been created? (recommended) npm

   vue-cli · Generated "shopcart".


# Installing project dependencies ...
# ========================
```

图 5-23　创建 shopcart 项目命令选择提示图

（3）切换到 shopcart 目录，安装 vuex 代码如下：

```
cd shopcart
npm install vuex@3.1.1 --save
```

（4）执行如下命令，启动项目：

```
npm    run    dev
```

完成上述操作后在流利器中输入 http://localhost:8080，查看项目是否已经正常启动。效果如图 5-24 所示。

图 5-24　项目运行效果图

注意：在创建项目时，会提示安装 ESLint 进行代码风格检查，安装后，如果代码风格不符合 ESLlint 的要求，会出现错误提示。因此，读者如果不需要进行代码风格验证，可以在安装时选择“N”，如果希望进行代码风格验证，那么可以借助 VS Code 编辑器的扩展来完成 ESLint 代码自动修复。

二、农副产品购底部 Tab 栏切换实现

本案例需要 GoodsList 展示商品列表信息，再点击加入购物车按钮，将此商品加入购物车中，再点击底部购物车菜单可查看已加入购物车中的所有商品的数量及价格，并可对购物数量进行修改。

（1）创建 src\components\GoodsList.vue 文件，具体代码如下：

```
<template>
    <div>goodslist 商品列表信息页</div>
</template>
<script>
</script>
<style>
</style>
```

（2）创建 src\components\ShopCart.vue 组件文件，具体代码如下：

```
<template>
    <div>shopcart 购物车信息页面</div>
</template>
<script>
</script>
<style>
</style>
```

（3）修改 src\App.vue 文件，利用路由<router-link>实现 Tab 栏切换，并设置相关的样式代码。具体代码如下：

```
<template>
  <div id="app">
    <div class="content">
      <router-view />
    </div>
    <div class="bottom">
      <router-link to="/" tag="div">商品列表</router-link>
      <router-link to="/shopcart" tag="div">购物车</router-link>
    </div>
  </div>
</template>
```

```
<script>
export default {
  name: 'App'
}
</script>

<style>
html,
body {
  height: 100%;
}
body {
  margin: 0;
  font-size: 12px;
  box-sizing: border-box;
}
</style>
<!-- scoped 表示此样式只对当前页面有效果 -->
<style scoped>
#app {
  height: 100%;
  display: flex;
  flex-direction: column;
}
.content {
  flex: 1;
  overflow-y: scroll;
}
.bottom {
  height: 40px;
  display: flex;
  border-top: 1px solid #ccc;
}
.bottom > div {
  flex: 1;
  display: flex;
  justify-content: center;
  align-items: center;
```

```
    color:#444;
  }
  .bottom > div:not(:last-child) {
    border-right: 1px solid #ccc;
  }
  .bottom > div.router-link-exact-active {
    color:#F18741;
    font-weight:bold;
    background:#FEF5EF;
  }
  </style>
```

（4）创建 src\router\index.js 路由文件，使用 vue-router 实现页面跳转。具体代码如下：

```
import Vue from 'vue'
import Router from 'vue-router'
import GoodsList from '@/components/GoodsList'
import Shopcart from '@/components/Shopcart'
Vue.use(Router)
export default new Router({
  routes: [
    { path: '/', name: 'GoodsList', component: GoodsList },
    { path: '/shopcart', name: 'Shopcart', component: Shopcart }
  ]
})
```

（5）在浏览器中查看运行效果，观察 Tab 栏是否已经可以正确切换，运行效果如图 5-25 所示。

图 5-25　页面导航效果图

三、定义并获取商品数据

（1）创建 src\api\products.js 文件，定义 data 商品数据信息，具体代码如下：

```
const data = [
  { 'id': 1, 'title': '葡萄', 'price': 10.01, src: '/static/1.jpg' },
  { 'id': 2, 'title': '苹果', 'price': 12.99, src: '/static/2.jpg' },
  { 'id': 3, 'title': '香蕉', 'price': 4.99, src: '/static/3.jpg' },
  { 'id': 4, 'title': '梨子', 'price': 5.99, src: '/static/4.jpg' },
  { 'id': 5, 'title': '桃子', 'price': 3.99, src: '/static/5.jpg' },
  { 'id': 6, 'title': '李子', 'price': 5.99, src: '/static/6.jpg' },
  { 'id': 7, 'title': '黄瓜', 'price': 2.99, src: '/static/7.jpg' },
  { 'id': 8, 'title': '茄子', 'price': 3.99, src: '/static/8.jpg' }
]
export default {
  getGoodsList (callback) {
    setTimeout(() => callback(data), 1000)
  }
}
```

上述代码用来模拟从服务器获取商品数据，通过 setTimeout()定时器实现异步操作，来模拟网络延迟 1 000 ms 的情况。

（2）创建 src\store\modules\goods.js 文件，管理 store 商品列表信息，具体代码如下：

```
import shop from '../../api/shop'//导入商品数据信息
const state = {
    // 用来保存商品列表数据
  list: []
}
// 定义了计算属性
const getters = {}
const actions = {
    //从 API 中 获取商品信息数据
  getList ({ commit }) {
    shop.getGoodsList(data => {
      commit('setList', data)
    })
  }
}
const mutations = {
    // 将商品信息保存到 state 中的 list 数组中
  setList (state, data) {
    state.list = data
  }
```

```
}
export default {
  namespaced: true,
  state,
  getters,
  actions,
  mutations
}
```

（3）创建 src\store\modules\shopcart.js 文件，管理 store 商品购物车信息，现只创建一个文件，购物车具体代码将在后面进行完善，此处只编写最基本的代码，确保项目结构完整，程序能正常运行，具体代码如下：

```
const state = {
  items: []
}
```

（4）创建 src\store\index.js 文件，加载 modules 目录下的 goods.js 和 shopcart.js 模块，并且导出 store 实例。具体代码如下：

```
import Vue from 'vue'
import Vuex from 'vuex'
import goods from './modules/goods'
import shopcart from './modules/shopcart'
Vue.use(Vuex)
export default new Vuex.Store({
  modules: {
        // 下面将模块放入到 vuex.Store()的 modules 配置选项中
    goods,
    shopcart
  }
})
```

（5）修改 main.js 文件，使用 import 导入 store。具体代码如下：

```
import store from './store'
```

（6）导入后将 store 挂载到 Vue 实例配置选项中。具体代码如下：

```
new Vue({
  el: '#app',
  router,
  components: { App },
  template: '<App/>',
  store
})
```

四、商品列表页面实现

（1）为了展示商品列表信息，现需修改 src\components\GoodsList.vue 组件文件，输出商品列表，具体代码如下：

```
<template>
  <div class="list">
    <div class="item" v-for="goods in goodslist" :key="goods.id">
      <div class="item-l">
        <img class="item-img" :src="goods.src">
      </div>
      <div class="item-r">
        <div class="item-title">{{ goods.title }}</div>
    <!-- 定义了过滤器对商品金额前面加上“￥”符号 -->
        <div class="item-price">{{ goods.price | currency }}</div>
        <div class="item-opt">

          <button @click="add(goods)">加入购物车</button>
        </div>
      </div>
    </div>
  </div>
</template>

<script>
import { mapState, mapActions } from 'vuex'

export default {
    // 通过 goodslist 计算属性获取 State 中的商品数据并返回,再通过页面结构中的
v-for 对 goodslist 进行列表渲染,从而输出商品列表信息
  computed: mapState({
    goodslist: state => state.goods.list
  }),
  // mapActions 函数绑定 add 事件处理方法（这里的 add 方法是在 shopcart.js 中进行
编写的）
  methods: mapActions('shopcart', ['add']),
  // 组件创建成功后,将商品列表数据从 API 中读取出来,保存到 state 中
  created () {
    this.$store.dispatch('goods/getList')
  },
  filters: {
```

```
      currency (value) {
        return '¥ ' + value
      }
    }
  }
</script>

<style>
.item {
  border-bottom: 1px dashed #ccc;
  padding: 10px;
}
.item::after {
  content: "";
  display: block;
  clear: both;
}
.item-l {
  float: left;
  font-size: 0;
}
.item-r {
  float: left;
  padding-left: 20px;
}
.item-img {
  width: 100px;
  height: 100px;
  border: 1px solid #ccc;
}
.item-title {
  font-size: 14px;
  margin-top: 10px;
}
.item-price {
  margin-top: 10px;
  color: #f00;
  font-size: 15px;
}
```

```
.item-opt {
    margin-top: 10px;
}
.item-opt button {
    border: 0;
    background: coral;
    color: #fff;
    padding: 4px 5px;
    cursor: pointer;
}
</style>
```

上述代码中，在 created()钩子函数中通过 dispatch 提交了 store 中的 actions 选项中的 getList 方法来获取商品数据中的数据，再通过 computed 选项中的 goodslist 计算属性返回商品数据，最后在页面中通过 v-for 循环的方式把商品数据以列表的方式读出。

这里还用到了 methods:mapActions 函数，mapActions 函数绑定 add 事件处理方法（这里的 add 方法是在 shopcart.js 中进行编写的），同类函数还有 mapState、mapMutations\mapGetters 等。使用方法相似，读者以后遇到可以参照使用。

（2）在 src\store\modules\shopcart.js 文件中添加 add()方法，具体代码如下：

```
const actions = {
    add (context, item) {
        context.commit('add', item)
    },
```

（3）完成上述代码后刷新浏览器，查看商品列表页面是否正确显示，效果如图 5-26 所示。

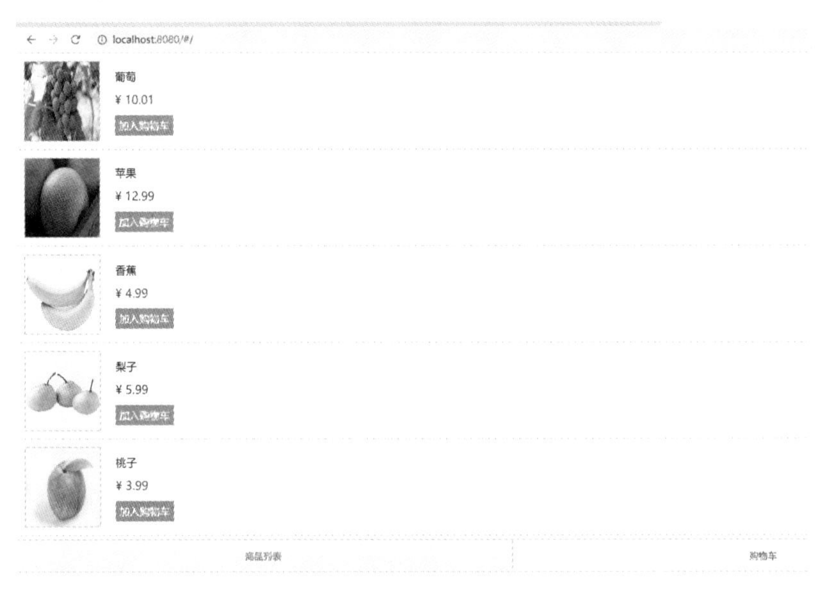

图 5-26 商品列表页效果

五、购物车页面实现

（1）为了展示购物车信息，编写 src\store\modules\shopcart.js 文件实现购物车添加功能。在文件中编写 add 和 del 方法，分别用来实现购物车中的商品的添加和删除功能。具体代码如下：

```
const state = {
  items: []
}
const actions = {
  add (context, item) {
    context.commit('add', item)
  },
  del (context, id) {
    context.commit('del', id)
  }
}
const mutations = {
  add (state, item) {
    const v = state.items.find(v => v.id === item.id)
    if (v) {
      ++v.num
    } else {
      state.items.push({
        id: item.id,
        title: item.title,
        price: item.price,
        src: item.src,
        num: 1
      })
    }
  },
  del (state, id) {
    state.items.forEach((item, index, arr) => {
      if (item.id === id) {
        arr.splice(index, 1)
      }
    })
  }
}
```

```
export default {
  namespaced: true,
  state,
  getters,
  actions,
  mutations
}
```

在上述代码中，在添加商品时判断给定的商品 item 是否已经在 state.items 数组中存在，如果存在，则增加商品数量，否则添加到 state.items 数组中。在用 del 方法进行删除时第 2 个参数表示删除的商品 id 值。当然除了删除，我们可以让用户增加、减少购物车商品数量或是可以直接在文本框中输入所需数量，不管是删除、增加或是减少，都要关联商品的唯一值 id，进行对应商品的操作。

（2）修改 src\store\modules\shopcart.js 文件，增加计算属性选项用于计算选中商品的总价。具体代码如下：

```
const getters = {
  totalPrice: (state) => {
    return state.items.reduce((total, item) => {
      return total + item.price * item.num
    }, 0).toFixed(2)
  }
}
```

（3）修改 src\components\Shopcart.vue 文件，输出购物车列表信息。具体代码如下：

```
<template>
  <div class="list">
    <div class="item" v-for="item in items" :key="item.id">
      <div class="item-l">
        <img class="item-img" :src="item.src">
      </div>
      <div class="item-r">
        <div class="item-title">
          {{ item.title }}
          <small>x {{ item.num }}</small>
        </div>
        <div class="item-price">{{ item.price | currency }}</div>
        <div class="item-opt">
            <button @click="item.num<1?del(item.id):item.num--">-</button>
            <input type="text" v-model="item.num">
```

```
                <button @click="item.num++">+</button>
                <button @click="del(item.id)">删除</button>
            </div>
        </div>
    </div>
    <div class="item-total" v-if="items.length">商品总价：{{ total | currency }}</div>
    <div class="item-empty" v-else>购物车中暂无商品</div>
  </div>
</template>

<script>
import { mapGetters, mapState, mapActions } from 'vuex'

export default {
  computed: {
    ...mapState({
      items: state => state.shopcart.items
    }),
    ...mapGetters('shopcart', { total: 'totalPrice' })
  },
  methods: mapActions('shopcart', ['del']),
  filters: {
    currency (value) {
      return '¥ ' + value
    }
  }
}
</script>

<style>
.item {
  border-bottom: 1px dashed #ccc;
  padding: 10px;
}
.item::after {
  content: "";
  display: block;
  clear: both;
}
```

```
.item-l {
  float: left;
  font-size: 0;
}
.item-r {
  float: left;
  padding-left: 20px;
}
.item-img {
  width: 100px;
  height: 100px;
  border: 1px solid #ccc;
}
.item-title {
  font-size: 14px;
  margin-top: 10px;
}
.item-title > small {
  color: #888;
  font-size: 12px;
}
.item-price {
  margin-top: 10px;
  color: #f00;
  font-size: 15px;
}
.item-opt {
  margin-top: 10px;
}
.item-opt button {
  border: 0;
  background: coral;
  color: #fff;
  padding: 4px 5px;
}
.item-total {
  margin: 10px;
  font-size: 15px;
```

```
    }
    .item-empty {
      text-align: center;
      margin-top: 20px;
      font-size: 15px;
    }
    </style>
```

在上述代码中，将 mapState 和 mapGetters 返回的结果放入计算属性中，mapState 用来绑定购物车中的商品，mapGetters 用来绑定购物车中的商品总价格。

（4）修改完善购物车商品数量可以通过加或减按钮进行控制或者可以直接在文本框中输入功能，当数量减到为 0 时调用删除函数，删除此条购物车记录。具体代码如下：

```
<div class="item-opt">
            <button @click="item.num<1?del(item.id):item.num--">-</button>
            <input type="text" v-model="item.num">
            <button @click="item.num++">+</button>
  <button @click="del(item.id)">删除</button>
</div>
```

（5）完成上述代码后刷新浏览器，查看商品列表页面是否正确显示，效果如图 5-27 所示。

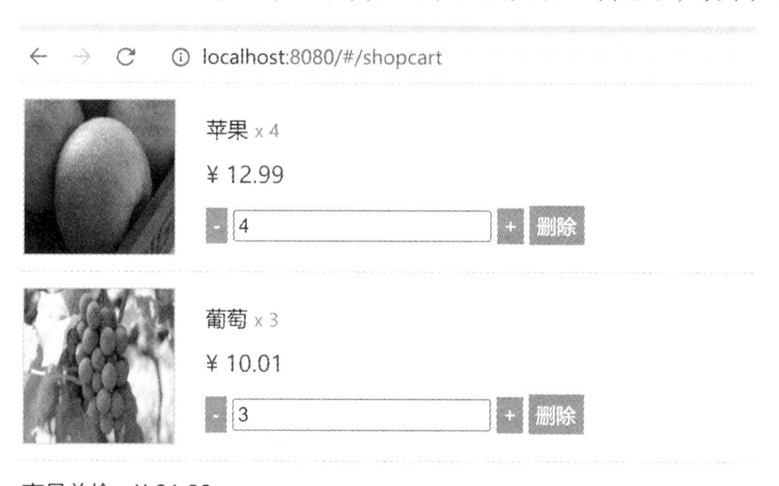

图 5-27　购物车效果

通过上面运行效果图，可验证整个商品购物车的功能基本，即加入购物车、修改购物车数量、删除购物车商品等。

小　结

本项目主要讲解了什么是 Vuex 组件状态管理系统、Vuex 基本特性和 store 实例方法的使用，读者应重点掌握 Vuex 中通过 mutations 状态提交和 actions 状态分发完成组件状态变化是如何实现的，以及在进行大型项目开发时，如何通过模块化的方式进行开发。最后以农产品购物车功能为例介绍了 Vuex 在实际开发过程中的应用。

习　题

一、填空题

1. Vuex 实例对象中初始数据状态通过______方式获取。
2. Vuex 实例对象中组件状态通过_______方式改变。
3. Vuex 实例对象通过_______方式来获取。
4. Vuex 中创建动态模块提供的方法是_______。
5. Vuex 中通过_______实现 mutations 状态分发。
6. Vuex 中 API 有哪些_______、_______、_______。

二、判断题

1. Vuex 实例对象可以调用 Vue 全局接口。（　　）
2. Vuex 中 Vue.config 对象用来实现 Vuex 全局配置。（　　）
3. 当在 Vuex 实例对象中调用 store 时，一定会获取到 store 实例对象。（　　）
4. Vuex 中 state 选项中数据是初始数据状态。（　　）

三、选择题

1. 下面关于 Vuex 核心模块说法，错误的是（　　）。
   A. Vuex 配置对象中，actions 选项是异步的
   B. Vuex.config 对象是全局配置对象
   C. Vuex 配置对象中，mutations 选项是同步的
   D. 通过 commit 完成 mutations 提交
2. 下列关于 Vuex 实例对象接口的说法，错误的是（　　）。
   A. Vuex 实例对象提供了 store 实例对象可操作方法
   B. Vuex 实例对象$data 数据可以由实例委托代理
   C. 通过 Vuex 实例对象实现组件状态的管理维护
   D. Vuex 实例对象初始数据是 state 数据
3. 下列不属于 Vuex.Store 配置对象接收参数的是（　　）。
   A. data　　B. state　　C. mutations　　D. getters
4. 下面对于 Vuex 中 actions 说法，不正确的是（　　）。
   A. actions 中事件函数通过 commit 完成分发
   B. acitons 中事件处理函数接收 context 对象
   C. actions 与 Vue 实例中的 methods 是类似的
   D. 可以用来注入自定义选项的处理逻辑
5. Vuex 实例对象中类似于 computed 计算属性功能的选项是（　　）。
   A. state　　B. mutations　　C. actions　　D. getters

四、简答题

1. 请简要分析 Vuex 的工作流程关系。
2. 简述 Vuex 配置对象中的主要内容有哪些。
3. 简述 Vuex 中的 actions 和 mutations 的含义和区别。

五、编程题

继续完善商品信息列表的增、删、改、查等功能的操作。

项目六　服务器渲染

【项目简介】

在前面我们已经学习了 Vuex 状态管理，完成了购物车功能，模拟了简单的购物收藏功能。如何让程序中的页面在服务器中完成渲染，然后在客户端直接展示，这就是本项目要介绍的内容。

本项目主要是介绍在什么情况下使用服务器渲染，以及如何实现服务器渲染。

【知识梳理】

Vue.js 是构建客户端应用程序的框架。默认情况下，可以在浏览器中输出 Vue 组件，进行 DOM 生成和 DOM 操作。然而，也可以将同一个组件渲染为服务器端的 HTML 字符串，然后将它们直接发送到浏览器，最后将这些静态标记"激活"为客户端上完全可交互的应用程序。

服务器渲染的 Vue.js 应用程序也可以被认为是"同构的"或"通用的"，因为应用程序的大部分代码都可以同时在服务器和客户端上运行。

【学习目标】

（1）了解客户端渲染和服务器端渲染的区别。

（2）了解服务器端渲染与预渲染。

（3）了解服务器端渲染的优点和不足。

（4）掌握服务器端渲染的基本实现方法。

【思政导入】

在服务器渲染中，首先，可以讨论服务器的安全性和稳定性，引导学生思考在搭建服务器渲染时如何保护用户的隐私和数据安全，如何预防黑客攻击等。其次，可以从更广阔的角度思考技术的应用和发展，培养他们的社会责任感和人文关怀意识。这种教育方式有助于提升学生的综合素质，使他们成为既有技术专长又有社会责任感的人才。

【能解决的问题】

（1）加快页面加载速度。

（2）提升搜索引擎效率。

（3）提高兼容性，减轻客户端压力。

（4）简化前端开发，应对特定场景需求。

模块一　服务器渲染的初步认识

在现代的 Web 开发中，用户体验和性能优化是至关重要的两个方面。为了提供最佳的用户体验并提高网站的性能，开发者需要使用各种工具和技术。Vue.js 是一种广泛使用的 JavaScript 框架，它提供了一种简单、灵活的方式来构建用户界面。然而，仅仅使用 Vue.js 是不够的，我们还需要理解服务器渲染（Server-Side Rendering，SSR）的概念和特点。本文将详细讨论 Vue.js 中服务器渲染的重要性，并提供一些实践建议。

服务器渲染是指在服务器端完成把数据和模板转换成最终的 HTML，然后通过 HTTP 协议发送给客户端的过程。对于客户端而言，用户只是看到了最终的 HTML 页面，看不到数据，也看不到模板。相比之下，客户端渲染则是指服务器端把模板和数据发送给客户端，渲染过程在客户端完成。

服务器渲染的优点有首屏渲染快、利于 SEO 等；缺点有不容易维护、会增加项目整体复杂度、对服务器压力较大等。

任务一　服务器端渲染与客户端渲染的区别

一、服务器端渲染

服务器渲染，也称为预渲染或静态站点生成，是一种在服务器上预先生成整个 HTML 页面的方法，然后将生成的 HTML 发送给客户端的方法。这种方法的主要优点是它可以提供更快的初始页面加载时间，因为所有的内容都在客户端可用之前就已经生成了。此外，由于所有的内容都是在服务器上生成的，所以可以更容易地进行 SEO 优化和缓存管理。

Vue 进行服务器端渲染时，需要利用 Node.js 搭建一个服务器，并添加服务器端渲染的代码逻辑，使用 webpack-dev-middleware 中间件对更改的文件进行监控，使用 webpack-hot-middleware 中间件进行页面的热更新，使用 vue-server-renderer 插件来渲染服务器端打包的 bundle 文件到客户端。

虽然 Vue.js 本身是一个前端框架，但它也可以与服务器渲染结合使用。Vue.js 的核心库只关注视图层，而实际的 DOM 操作和数据绑定是由 Vue.js 运行时在浏览器中完成的。这意味着用户可以在 Vue.js 应用程序中使用服务器端代码来生成 HTML，然后将生成的 HTML 发送到客户端。这样，即使在客户端进行了大量的 DOM 操作和数据绑定，最终显示的 HTML 仍然可以在服务器端进行优化和缓存。

二、客户端渲染

客户端渲染，即传统的单页面应用（SPA）模式，Vue.js 构建的应用程序默认情况下是一个 HTML 模板页面，只有一个 id 为 app 的<div>根容器，然后通过 webpack 打包生成 css、js 等资源文件，浏览器加载、解析来渲染 HTML。

在客户端渲染时，一般使用的是 webpack-dev-server 插件，它可以帮助用户自动开启一个服务器端，主要作用是监控代码并打包，也可以配合 webpack-hot-middleware 来进行热更替（HMR），这样能提高开发效率。

注意：在 webpack 中使用模块热替换（HMR），能够使得应用在运行时，无须开发者重新运行 npm run dev 命令来刷新页面，便能更新更改的模块，并且将效果及时展示出来，这极大地提高了开发效率。

三、为什么使用服务器端渲染？

与传统 SPA 相比，服务器端渲染（SSR）的优势主要在于：

（一）更快的初始页面加载时间

如前所述，服务器渲染的主要优点是它可以提供更快的初始页面加载时间。这是因为所有的 HTML 都是在服务器上预先生成的，所以当用户首次访问网站时，他们已经可以看到大部分的内容了。相比之下，如果使用客户端渲染，那么直到 JavaScript 开始执行并且 DOM 被操作时，用户才能看到内容，这可能会导致延迟和用户体验的下降。

（二）SEO 优化和缓存管理

服务器渲染还有助于搜索引擎优化(SEO)和缓存管理。由于所有的 HTML 都是在服务器上生成的，所以搜索引擎爬虫可以更轻松地抓取和索引你的网站内容。此外，由于相同的 HTML 内容只需要在服务器上生成一次，所以你可以更有效地利用 HTTP 缓存机制，从而减少带宽使用和提高页面加载速度。以下是对这两个方面的详细阐述：

1. SEO 优化

服务器渲染对 SEO 优化的贡献主要体现在以下几个方面：

1）更易于搜索引擎抓取

SSR 生成的页面在服务器端就已经渲染成了完整的 HTML，这使得搜索引擎爬虫在访问时能够直接获取到页面的内容，而无须等待 JavaScript 执行完成。这有助于搜索引擎更全面地抓取页面内容，提高页面的索引率。

2）提高页面加载速度

初始 HTML 的快速加载意味着用户能够更快地看到页面内容，这也有助于提升用户体验。同时，快速的页面加载速度也是搜索引擎排名的一个重要因素。

3）优化 Meta 标签和内容

在服务器渲染过程中，可以确保每个页面的 Meta 标签（如 description、title、keywords 等）和内容都被正确渲染到 HTML 中，这有助于搜索引擎更好地理解页面内容，提高页面的相关性得分。

4）支持复杂的路由和动态内容

对于单页应用（SPA）来说，由于内容是通过 JavaScript 动态生成的，搜索引擎在抓取时可能会遇到困难。而服务器渲染则能够支持复杂的路由和动态内容生成，使得这些内容也能被搜索引擎有效抓取。

2. 缓存管理

服务器渲染在缓存管理方面的优势主要体现在以下几个方面：

1）减少服务器负载

通过缓存已经渲染好的页面或页面片段，可以减少对服务器的请求次数，从而降低服务器的负载。这对于高并发访问的网站来说尤为重要。

2）加快页面加载速度

当用户请求已经缓存的页面时，服务器可以直接从缓存中提供内容，而无须重新渲染页面。这可以显著加快页面的加载速度，提升用户体验。

3）支持高效的缓存策略

在服务器渲染中，可以根据实际情况制定高效的缓存策略。例如，对于不经常变化的内容可以设置较长的缓存时间；对于需要实时更新的内容则可以使用更短的缓存时间或实时更新机制。

4）适应不同设备和网络环境

通过缓存管理，可以为不同设备和网络环境提供优化的页面版本。例如，对于移动设备或低速网络环境，可以提供经过压缩和优化的页面版本以减少数据传输量并提高加载速度。

3. 实施建议

为了充分发挥服务器渲染在 SEO 优化和缓存管理方面的优势，以下是一些实施建议：

1）选择合适的框架和库

选择支持服务器渲染的框架和库（如 Next.js、Nuxt.js 等），这些框架和库通常提供了丰富的功能和良好的性能优化。

2）优化页面结构和内容

确保页面结构清晰、内容丰富且易于搜索引擎抓取。合理使用 Meta 标签、标题、段落等元素来提高页面的相关性和可读性。

3）制定缓存策略

根据实际情况制定合适的缓存策略，包括缓存时间、缓存方式（如内存缓存、磁盘缓存等）以及缓存更新机制等。

4）监控和分析性能

使用性能监控和分析工具来定期评估和优化服务器渲染的性能。根据分析结果调整缓存策略、优化页面加载速度等以提高用户体验和 SEO 效果。

四、服务器端渲染的不足

虽然服务器端渲染有首屏加载速度快和有利于 SEO 的优点，但是在使用服务器端渲染的时候，还需要注意以下两点事项：

（一）服务器端压力增加

服务器端渲染需要在 Node.js 中来完成应用程序的渲染，这会大量占用 CPU 资源。如果在大量访问的环境情况下使用，建议利用缓存来降低服务器负载。

（二）涉及构建设置和部署的要求

单页面应用程序可以在任何静态文件服务器上部署并使用，而服务器端渲染应用程序需要运行在 node.js 服务器环境才可以使用。所以其环境准备更复杂。

五、服务器端渲染和预渲染

如果使用服务器端渲染只是用来改善少数营销页面的 SEO，那么可能需要预渲染，即无须使用 web 服务器实时动态编译 HTML，而是使用预渲染方式，在构建时简单地生成针对特定路由的静态 HTML 文件。优点是设置预渲染更简单，并可以将前端作为一个完全静态的站点。

如果使用了 webpack，那么可以使用 prerender-spa-plugin 轻松地添加预渲染。它已经被 Vue 应用程序广泛测试。

任务二　服务器端渲染的注意事项

一、版本要求

对于 Vue 2.3.0+版本的服务器端渲染（SSR），要求 vue-server-renderer（服务端渲染插件）的版本要与 Vue 版本相匹配。需要的最低 Vue 相关插件版本如下：

vue & vue-server-renderer 2.3.0+；

vue-router 2.5.0+；

vue-loader 12.0.0+ & vue-style-loader 3.0.0+。

二、路由模式

Vue 有两种路由模式，一种是 hash（哈希）模式，在地址栏 URL 中会自带#符号，例如，http://localhost/#/login，#/login 就是 hash 值。需要注意的是，虽然 hash 模式会出现在 URL 中，但不会被包含在 HTTP 请求中，改变 hash 不会重新加载页面。

另一种路由模式是 history 模式，与 hash 模式不同的是，URL 中不会自带#号，看起来比较美观，如 http://localhost/login。history 模式利用 history.pushState API 来完成 URL 跳转而无须重新加载页面。由于 hash 模式的路由提交不到服务器上，因此服务器端渲染的路由需要使用 history 模式。

模块二　服务器端渲染基本用法

服务端渲染的实现通常有 3 种方式，第 1 种是手动进行项目的简单搭建，第 2 种是使用 Vue CLI 3 脚手架进行搭建，第 3 种是利用一些成熟框架来搭建（如 Nuxt.js）。本模块讲解第一种方式，即手动搭建项目实现简单的服务器端渲染。

任务一　创建 vueSsr 项目

在项目目录..\ydm\6 下，通过 cmd 进入命令行工具，使用命令行工具创建一个 **vueSsr** 项目，具体代码如下：

```
mkdir vueSsr    // 创建目录
cd vueSsr       //进入目录
npm init -y     //初始化项目
```

执行完命令后，会在 **vueSsr** 目录下生成一个 package.json 文件。

在 Vue 中使用服务器端渲染，需要借助 Vue 的扩展模块 vue-server-renderer。下面在 vueSsr 项目中使用 npm 来安装 vue-server-renderer，具体命令如下：

```
npm install vue@2.6.x vue-server-renderer@2.6.x --save
```

注意：vue-server-renderer 是 Vue 中处理服务器加载的一个模块，给 Vue 提供在 Node.js 服务器端渲染的功能。vue-server-renderer 依赖一些 Node.js 原生模块，所以目前只能在 Node.js 中使用。

任务二　渲染一个 Vue 实例

将 vue-server-renderer 安装完成后，创建服务器脚本文件 ssr.js，实现将 Vue 实例的渲染结果输出到控制台中，具体代码如下：

```
//① 创建一个 Vue 实例对象
const Vue = require('vue')
const app = new Vue({
  template: '<div>SSR 的运用</div>'
})
// ② 创建一个 renderer 对象实例
const renderer = require('vue-server-renderer').createRenderer()
// ③ 将 Vue 实例渲染为 HTML
renderer.renderToString(app, (err, ssr) => {
  if (err) { throw err }
  console.log(ssr)
})
```

在命令行中执行 node ssr.js，可以在控制台中看到此时在<div>标签中添加了一个特殊的属性 data-server-rendered，该属性是告诉客户端的 Vue 这个标签是由服务器渲染的，运行结果如图 6-1 所示。

```
D:\科研职称\教研科研\2023年科研\教材\vue前端项目开发实战\ydm\6\vueSsr>node ssr.js
<div data-server-rendered="true">Ssr的运用</div>
```

图 6-1　运行效果图

从上述结果可以看出，在<div>标签中添加一个属性 data-server-rendered="true"，该属性是告诉客户端的 Vue 这个标签是由服务器渲染的。

任务三 Express 搭建 SSR

Express 是一个基于 Node.js 平台的 Web 应用开发框架，用来快速开发 Web 应用。下面我们来演示如何在 Express 框架中实现 SSR，具体步骤如下。

（1）在 **vueSsr** 项目中执行如下命令，安装 Express 框架：

```
npm install express --save
```

（2）创建 template.html 文件，编写模板页面，具体代码如下：

```
<html>
    <head><title>Hello vuessr</title></head>
  <body>
    <!--vue-ssr-outlet-->
  </body>
</html>
```

上述代码中的注释部分是用于 HTML 注入的地方，该注释不能删除，否则会报错。

（3）在项目目录下创建 server.js 文件，具体代码如下：

```
// ① 创建 Vue 实例
const Vue = require('vue')
const server = require('express')()
// ② 读取模板
const renderer = require('vue-server-renderer').createRenderer({
  template: require('fs').readFileSync('./template.html', 'utf-8') //传入了 template.html 文件
路径，在渲染时作为基础模板
})
// ③ 处理 get 方式请求
server.get('*', (req, res) => {
  res.set({'Content-Type': 'text/html; charset=utf-8'})  //设置响应的 Content-Type 为 html
文件信息，字符集为 utf-8
  //下面创建了一个 vue 实例对象
  const vm = new Vue({
    data: {
      title: '当前位置',
      url: req.url
    },
    template: '<div>{{title}}：{{url}}</div>',
  })
```

```
    // ④ 将 Vue 实例渲染为 HTML 后输出
    renderer.renderToString(vm, (err, html) => {
      if (err) {
        res.status(500).end('err: ' + err)
        return
      }
      res.end(html) //调用了 res.end()方法将 html 结果发送给浏览器。
    })
  })
  server.listen(8081, function () {
    console.log('server started at localhost:8081')
  })
```

执行 node server.js 命令，启动服务器，在浏览器中访问 http://localhost:8081，运行结果如图 6-2、图 6-3 所示。

```
D:\科研职称\教研科研\2023年科研\教材\vue前端项目开发实战\ydm\6\vueSsr>node server.js
server started at localhost:8081
```

图 6-2　服务器启动界面

图 6-3　运行效果图

从上述结果可以看出，在<div>标签中添加一个属性 data-server-rendered="true"，该属性是用来告诉客户端的 Vue 这个标签是由服务器渲染的。

任务四　Koa 搭建 SSR

Koa 是一个基于 Node.js 平台的 Web 开发框架，致力成为 Web 应用和 API 开发领域更富有表现力的技术框架。Koa 能帮助开发者快速地编写服务器端应用程序，通过 async 函数能很好地处理异步的逻辑，有力地增强错误处理。下面我们讲解如何在 Koa 中搭建 SSR。

（1）在 **vueSsr** 项目中安装 Koa，具体命令如下：

```
npm install koa --save
```

（2）创建 koa.js 文件，编写服务器端逻辑代码，具体代码如下：

```
// ① 创建 vue 实例
const Vue = require('vue')
const Koa = require('koa')
```

```
const app = new Koa()
// ② 读取模板
const renderer = require('vue-server-renderer').createRenderer({
  template: require('fs').readFileSync('./template.html', 'utf-8')
})
// ③ 添加一个中间件来处理所有请求
app.use(async (ctx, next) => {
  const vm = new Vue({
    data: {
      title: '当前位置',
      url: ctx.url     // 这里的 ctx.url 相当于 ctx.request.url
    },
    template: '<div>{{title}}：{{url}}</div>'
  })
 // ④ 将 Vue 实例渲染为 HTML 后输出
  renderer.renderToString(vm, (err, html) => {
    if (err) {
      ctx.res.status(500).end('err: ' + err)
      return
    }
    ctx.body = html
  })
})
app.listen(8080, function () {
  console.log('server started at localhost:8080')
})
```

（3）执行 node koa.js 命令启动项目，在浏览器中访问 http://localhost:8080，结果如图 6-4、图 6-5 所示。

```
D:\科研职称\教研科研\2023年科研\教材\vue前端项目开发实战\ydm\6\vueSsr>node koa.js
server started at localhost:8080
```

图 6-4 服务器启动界面

http://localhost:8080

职教云 重庆科创职业学院—教 专题_职业教育国家

当前位置：/

图 6-5 运行效果图

模块三　Nuxt.js 服务器端渲染框架

任务一　创建 Nuxt.js 项目

Nuxt.js 提供了利用 vue.js 开发服务端渲染的应用所需要的各种配置。为了快速入门，Nuxt.js 团队创建了脚手架工具 create-nuxt-app，具体使用步骤如下。

（1）首先确保已经安装好了 node.js 和 vue-cli 脚手架。在前面已经安装了这两个框架，这里就不再进行演示了。

（2）进入本项目目录，全局安装 create-nuxt-app 脚手架工具：

```
npm install create-nuxt-app -g
```

（3）在项目存储目录下执行以下命令，创建项目。

```
npx create-nuxt-app myNuxt
```

（4）在创建项目过程中，会提示询问项目名称、使用语言、选择包管理器，在代码中我们使用灰色底纹方式突显，这里包工具用的是 npm，具体代码如下：

```
create-nuxt-app v5.0.0
✨  Generating Nuxt.js project in myNuxt
? Project name: (myNuxt)

? Programming language: (Use arrow keys)
> JavaScript
  TypeScript

? Package manager:
  Yarn
> Npm
```

（5）当询问选择哪个渲染模式时，在这里选择使用 SSR。后面具体选择默认即可。

```
? Choose rendering mode (Use arrow keys)
> Universal (SSR)
Single Page App
```

（6）项目安装配置完成后，进入项目目录，启动项目，命令如下：

```
cd myNuxt
npm run dev
```

（7）通过浏览器访问：http://localhost:3000/，运行结果如图 6-6 所示。

图 6-6　myNuxt 项目运行图

（8）下面对创建好的 myNuxt 项目中的关键文件进行说明，详细描述如表 6-1 所示。

表 6-1　myNuxt 项目文件说明

文件	说明
assets	存放待编译的静态资源，如 Less、Sass
static	存放不需要 webpack 编译的静态文件，服务器启动的时候，该目录下的文件会映射至应用的根路径“/”下
components	存放自己编写的 Vue 组件
layouts	布局目录，用于存放应用的布局组件
middleware	用于存放中间件
pages	用于存放应用的路由及视图，Nuxt.js 会根据该目录结构自动生成对应的路由配置
plugins	用于存放需要在根 Vue 应用实例化之前需要运行的 JavaScript 插件
nuxt.config.js	用于存放 Nuxt.js 应用的自定义配置，以便覆盖默认配置

任务二　页面和路由

在项目中，pages 目录用来存放应用的路由及视图，目前该目录下有两个文件，分别是 index.vue 和 README.md，当直接访问根路径“/”的时候，默认打开的是 index.vue 文件。Nuxt.js 会根据目录结构自动生成对应的路由配置，将请求路径和 pages 目录下的文件名映射，例如，访问“/nuxt”就表示访问 nuxt.vue 文件，如果文件不存在，就会提示“This page could not be found”，表示未找到对应的页面的错误。

（1）创建 pages\nuxt.vue 文件，具体代码如下：

```
<template>
    <div>nuxt</div>
</template>
```

（2）通过浏览器访问 http://localhost:3000/nuxt 地址，运行结果如图 6-7 所示。

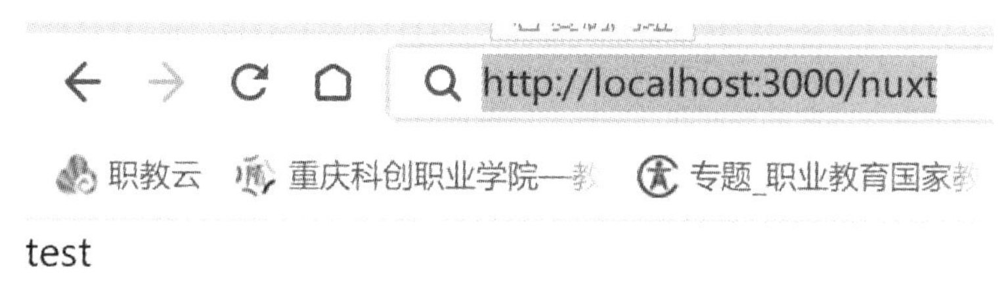

图 6-7　nuxt 组件访问效果图

（3）pages 目录下的 vue 文件也可以放在子目录中，在访问的时候也要加上子目录的路径，具体代码如下：

```
<div>sub/nuxt</div>
```

然后在 pages\sub\下创建 nuxt.vue 文件，通过在浏览器中输入 http://localhost:3000/sub/nuxt 地址来访问 pages\sub\nuxt.vue 文件，如图 6-8 所示。

图 6-8　pages 下面的子页面

Nuxt.js 提供了非常方便的自动路由机制，当它检测到 pages 目录下的文件发生变更时，就会自动更新路由。通过查看“.nuxt\router.js”路由文件，可以看到 Nuxt.js 自动生成的代码，如下所示：

```
export const routerOptions = {
  mode: 'history',
  base: decodeURI('/'),
  linkActiveClass: 'nuxt-link-active',
  linkExactActiveClass: 'nuxt-link-exact-active',
  scrollBehavior,

  routes: [{
    path: "/nuxt",
    component: _5a12ca5c,
```

```
        name: "nuxt"
    }, {
        path: "/test",
        component: _295c8e3e,
        name: "test"
    }, {
        path: "/sub/nuxt",
        component: _49a07984,
        name: "sub-nuxt"
    }, {
        path: "/",
        component: _d089c2da,
        name: "index"
    }],

    fallback: false
}

export function createRouter () {
    return new Router(routerOptions)
}
```

任务三　页面跳转

Nuxt.js 中使用<nuxt-link>组件来完成页面中路由的跳转，它类似于 Vue 中的路由组件<router-link>，它们具有相同的属性，并且使用方式也相同。需要注意的是，在 Nuxt.js 项目中不要直接使用<a>标签来进行页面的跳转，因为<a>标签是重新获取一个新的页面，而<nuxt-link>更符合 SPA 的开发模式。下面我们介绍在 Nuxt.js 中页面跳转的两种方式。

一、声明式路由

以 pages\nuxt.vue 页面为例，在页面中使用<nuxt-link>完成路由跳转，具体代码如下：

```
<template>
        <div>
            <nuxt-link to="/sub/nuxt">点击跳转到 sub/nuxt</nuxt-link>
        </div>
</template>
```

二、编程式路由

编程式路由就是在 JavaScript 代码中实现路由的跳转。以 pages\sub\nuxt.vue 页面跳转到上级页面为例，示例代码如下：

```
<template>
  <div>
   <button @click="jumpTo">跳转到 nuxt</button>
    <div>sub/nuxt</div>
  </div>
</template>

<script>
export default {
  methods: {
    jumpTo () {
      this.$router.push('/nuxt')
    }
  }
}
</script>
```

通过上述代码，访问浏览器，效果如图 6-9 和图 6-10 所示。

图 6-9　页面跳转效果

图 6-10　返回主导航效果

模块四　Nuxt.js 缓存

虽然 Vue 的服务器端渲染相当快速，但是由于创建组件实例和虚拟 DOM 节点的开销，其无法与基于字符串拼接（pure string-based）的模板的性能相当。在 SSR 性能至关重要的情况下，明智地利用缓存策略，可以极大改善响应时间并减少服务器负载。

任务一　页面级别缓存（Page-level Caching）

在大多数情况下，服务器渲染的应用程序依赖于外部数据，因此本质上页面内容是动态的，不能持续长时间缓存。然而，如果内容不是用户特定（user-specific）(即对于相同的URL，总是为所有用户渲染相同的内容)，我们可以利用名为 micro-caching 的缓存策略来大幅度提高应用程序处理高流量的能力。

这通常在 Nginx 层完成，但是我们也可以在 Node.js 中实现，下面是参考代码：

```
const microCache = LRU({
  max: 100,
  maxAge: 1000 // 重要提示：条目在 1 s 后过期。
})
const isCacheable = req => {
  // 实现逻辑为，检查请求是否为用户特定(user-specific)。
  // 只有非用户特定 (non-user-specific) 页面才会缓存
}
server.get('*', (req, res) => {
  const cacheable = isCacheable(req)
  if (cacheable) {
    const hit = microCache.get(req.url)
    if (hit) {
      return res.end(hit)
    }
  }
  renderer.renderToString((err, html) => {
    res.end(html)
    if (cacheable) {
      microCache.set(req.url, html)
    }
  })
})
```

由于内容缓存只有 1 s，用户将无法查看过期的内容。这意味着对于每个要缓存的页面，服务器最多只能每秒执行 1 次完整渲染。

任务二　组件级别缓存（Component-level Caching）

vue-server-renderer 内置支持组件级别缓存（component-level caching）。要启用组件级别缓存，需要在创建 renderer 时提供具体缓存实现方式（cache implementation）。典型做法是传入 lru-cache：

```
const LRU = require('lru-cache')
const renderer = createRenderer({
  cache: LRU({
    max: 10000,
    maxAge: ...
  })
})
```

然后可以通过实现 serverCacheKey 函数来缓存组件：

```
export default {
  name: 'item', // 必填选项
  props: ['item'],
  serverCacheKey: props => props.item.id,
  render (h) {
    return h('div', this.item.id)
  }
}
```

请注意，可缓存组件还必须定义一个唯一的 name 选项。通过使用唯一的名称，每个缓存键（cache key）对应一个组件，即无须担心两个组件返回同一个 key。

serverCacheKey 返回的 key 应该包含足够的信息来表示渲染结果的具体情况。如果渲染结果仅由 props.item.id 决定，则上述是一个很好的实现。但是，如果具有相同 id 的 item 可能会随时间而变化，或者如果渲染结果依赖于其他 prop，则需要修改 serverCacheKey 的实现，以考虑其他变量。

返回常量将导致组件始终被缓存，这对纯静态组件是有好处的。

任务三　何时使用组件缓存

如果 renderer 在组件渲染过程中进行缓存命中，那么它将直接重新使用整个子树的缓存结果。这意味着在以下情况，用户不应该缓存组件：

（1）它具有可能依赖于全局状态的子组件。

（2）它具有对渲染上下文产生副作用（side effect）的子组件。

因此，应该小心使用组件缓存来解决性能瓶颈。在大多数情况下不应该也不需要缓存单一实例组件，适用于缓存的最常见类型的组件是在大的 v-for 列表中重复出现的组件。由于这些组件通常由数据库集合（database collection）中的对象驱动，它们可以使用简单的缓存策略：使用其唯一 id，再加上最后更新的时间戳，来生成其缓存键（cache key）：

```
serverCacheKey: props => props.item.id + '::' + props.item.last_updated
```

小　结

本章主要讲解了服务器端渲染的概念及使用、客户端渲染和服务端渲染的区别、缓存处

理等。在讲解了服务器端渲染的基本知识后，通过案例的形式讲解了如何搭建服务器端渲染项目。大家应重点理解服务器端渲染的概念，理解服务器端渲染的优缺点，能够利用服务器端渲染技术完成项目开发中的需求。

习　题

一、填空题

1. ________插件可以用来进行页面的热重载。
2. hash 模式路由，地址栏 URL 中会自带____符号。
3. SSR 的路由需要采用_____的方式。
4. _______是利用搜索引擎规则，提高网站在搜索引擎内自然排名的一种技术。
5. Vue 中使用服务器端渲染，需要借助 Vue 的扩展工具______。

二、判断题

1. 客户端渲染，即传统的单页面应用模式。（　　）
2. webpack-dev-middleware 中间件能对更改的文件进行监控。（　　）
3. 服务端渲染不利于 SEO。（　　）
4. 服务器渲染应用程序，需要处于 Node.js server 运行环境。（　　）
5. 使用 git-bash 命令行工具，输入指令 mkdirs vue-ssr 创建项目。（　　）

三、选择题

1. 下列选项中说法正确的是（　　）。
   A. vue-server-renderer 的版本要与 Vue 版本相匹配
   B. 客户端渲染，需要使用 entry-server.js 和 entry-client.js 两个入口文件
   C. app.js 是应用程序的入口，它对应 vue-cli 创建的项目的 app.js 文件
   D. 客户端应用程序既可以运行在浏览器上，又可以运行在服务器上
2. 下列关于 SSR 路由说法，错误的是（　　）。
   A. SSR 的路由需要采用 history 的方式
   B. history 模式的路由提交不到服务器上
   C. history 模式完成 URL 跳转而无须重新加载页面
   D. hash 模式路由，地址栏 URL 中 hash 改变不会重新加载页面
3. 下列关于 Nuxt.js 的说法，错误的是（　　）。
   A. 使用“create-nuxt-app 项目名”命令创建项目
   B. 使用 Nuxt.js 搭建的项目中，pages 目录是用来存放应用的路由及视图
   C. 在 Nuxt.js 项目中，声明式路由在 html 标签中通过<nuxt-link>完成路由跳转
   D. Nuxt.js 项目中需要根据目录结构手动完成对应的路由配置

四、简答题

1. 请简述什么是服务器端渲染。
2. 请简述服务器端渲染的代码逻辑和处理步骤。
3. 请简述 Nuxt.js 中，声明式路由和编程式路由的区别。

项目七　Vue 开发环境介绍

【项目简介】

当使用 Vue 构建项目时，如果只是简单的项目可以在页面中使用<script>标签引入 vue.js 文件，这种方式相对轻松并且业务逻辑简单，但在实际项目开发工作中是需要处理复杂的业务逻辑的，那么这种方式就不适合项目开发。为此需要借助于 Vue 脚手架工具，这个工具可以帮助开发者快速搭建适用于实际项目中开发 Vue 的环境。本项目将对 Vue 开发环境进行详细的介绍。

【知识梳理】

Vue 开发环境是一个用于构建用户界面的开源 JavaScript 框架。它允许开发人员使用声明式渲染来创建交互式的 Web 页面。在 Vue 开发环境中，用户可以定义组件、使用 Vue 的数据绑定特性来响应用户输入，并利用 Vue 提供的生命周期钩子函数来处理事件和状态变化。

Vue 开发环境通常包括以下几个部分：

（1）Vue 核心库：Vue 框架的核心部分，提供了模板语法、数据绑定、组件化等功能。

（2）Vue CLI（命令行工具）：一个用于快速搭建 Vue 项目的命令行工具，可以帮助用户快速生成项目的结构和配置文件。

（3）浏览器或 Node.js 运行环境：Vue 可以在浏览器中运行，也可以通过 Node.js 服务器端渲染（SSR）的方式来提供更丰富的用户体验。

通过安装 Vue CLI 和其他必要的依赖，用户可以创建一个基本的 Vue 开发环境，然后可以在该环境中编写 Vue 组件、路由、状态管理等功能，以构建复杂的单页应用程序。

【学习目标】

（1）了解全局环境变量与模式的配置及静态资源的处理。

（2）掌握 Vue CLI3.x 脚手架的安装与使用方法。

（3）掌握 CLI 服务的原理和 vue.config.js 文件的配置方法。

（4）掌握 CLI 插件与第三方插件的使用方法。

（5）掌握 CLI 服务的原理。

【思政导入】

Vue 开发环境在项目开发中非常重要，要求同学们在学习过程中做到认真、细心、耐心，要注意各个配置项之间的相互关联。同时让同学们认识到，在从远程服务器下载相关的插件和包时应怀有感恩之心，因为这些资源都是由无数前辈们整理发布供大家免费使用。同时也培养一种回馈社会的精神，将自己编写好的代码、插件等打包上传到对应的服务器，供别人使用，做一个对社会有贡献的积极乐观之人。

【能解决的问题】

（1）知道全局环境变量与模式的配置及静态资源如何存放和处理。

（2）能进行 Vue CLI3.x 脚手架的安装并使用它创建开发项目环境。

（3）能掌握 CLI 服务的原理，并进行 vue.config.js 文件的修改配置。

（4）能完成 CLI 插件与第三方插件的安装和使用。

模块一 Vue CLI 脚手架工具

任务一 工具介绍

Vue CLI 是一个基于 Vue.js 进行快速开发的完整系统，可以自动生成 Vue.js+webpack 的项目模板。Vue CLI 提供了强大的功能，用于定制新项目、配置原型、添加插件和检查 webpack 配置。@vue/cli3.x 版本可以通过 vue create 命令快速创建一个新项目的脚手架，不需要像 vue2.x 那样借助于 webpack 来构建项目。

Vue CLI 致力于将 Vue 生态中的工具基础标准化。它确保了各种构建工具能够基于智能的默认配置（即可平稳衔接），这样就可以专注在撰写应用上，而不必花好几天去纠结配置的问题。与此同时，它也为每个工具提供了调整配置的灵活性，无须 eject。

一、CLI

CLI (@vue/cli)是一个全局安装的 npm 包，提供了终端里的 vue 命令。它可以通过 vue create 快速搭建一个新项目，或者直接通过 vue serve 构建新想法的原型。用户也可以通过一套图形化界面 vue ui 管理所有项目。

二、CLI 服务

CLI 服务(@vue/cli-service) 是一个依赖的开发环境，它是一个 npm 包，局部安装在每个 @vue/cli 创建的项目中。

CLI 服务是构建于 webpack 和 webpack-dev-server 之上的，它包含了：

（1）加载其他 CLI 插件的核心服务。

（2）一个针对绝大部分应用优化过的内部的 webpack 配置。

（3）项目内部的 vue-cli-service 命令，提供 serve、build 和 inspect 命令。

如果你熟悉 create-react-app 的话，@vue/cli-service 实际上大致等价于 react-scripts，尽管功能集合不一样。

三、CLI 插件

CLI 插件用来向 Vue 项目提供可选功能的 npm 包，例如 Babel/TypeScript 转译、ESLint 集成、单元测试和 end-to-end 测试等。Vue CLI 插件的名字以@vue/cli-plugin-（内建插件）或 vue-cli-plugin-（社区插件）开头，非常容易使用。

当在项目内部运行 vue-cli-service 命令时，它会自动解析并加载 package.json 中列出的所有 CLI 插件。

插件可以作为项目创建过程的一部分，或在后期加入项目中。它们也可以被归成一组可复用的 preset。

任务二　安装前注意事项

（1）在安装 Vue CLI 之前，需要安装一些必要的工具，如 Node.js，版本要求是 8.9 或者以上（建议是 8.11.0+），前面已经讲解了 Node.js 的安装步骤和基本使用。用户可以使用 n，nvm 或 nvm-windows 在同一台计算机中管理多个 Node 版本。

（2）Vue CLI 3.x 版本的包名称由 vue-cli（旧版）改成了@vue/cli（新版），如果已经全局安装了旧版的 vue-cli（1.x 或 2.x），需要通过如下命令进行卸载。命令如下：

```
npm uninstall vue-cli –g
```

（3）如果通过 yarn 命令安装 vue-cli，则需要使用如下命令进行卸载：

```
yarn global remove vue-cli
```

通过上面两个命令卸载完成后才可以重新进行新版脚手架的安装（@vue/cli）。

任务三　安装@vue/cli

@vue/cli 有全局安装和局部安装两种情况，如果想要整个项目都能使用脚手架，那么就需要进行全局安装。下面介绍全局安装步骤。

（1）打开命令行工具，通过 npm 方式全局安装@vue/cli 脚手架，具体命令如下：

```
npm install @vue/cli@3.10 –g
```

（2）安装完成后通过命令的方式检查是否安装成功，并可以查看对应的版本号。命令如下：

```
vue –V（或者 vue --version）
```

（3）执行上述命令后，如果安装成功，则输出如下结果：

```
C:\vue>vue -V
3.10.0
```

从上述运行的结果可以看出，当前版本号是 3.10.0.安装成功后就可以使用 vue create 命令来创建 Vue 项目了。

任务四　用 vue create 命令创建项目

（1）进入本项目存储目录中，在地址栏中输入命令 cmd 进入命令行工具，通过 vue 命令创建一个名称为 vue-test 的项目，具体命令如下：

```
vue create vue-test（项目名）
```

需要注意的是，如果在 Windows 上通过 MinTTY 使用 git-bash，交互提示符会不起作用，那么就要用下面两种方式来解决问题。

① 使用 winpty 来执行 vue 命令：

```
Winpty vue.cmd create vue-test（项目名）
```

② 在 git-bash 安装目录下找到 etc\bash.bashrc 文件，在文件末尾添加以下代码，保存文件之后，重启 git-bash，然后重新执行 vue create vue-test。

```
alias vue='winpty vue.cmd'
```

注意：上述代码完成后表示将 vue 命令变成一个别名，上面实际执行的命令为 winpty vue.cmd。

（2）保存文件后，重新启动 git-bash,然后重新执行 vue create vue-test，交互符界面提示用户选取一个 preset（预设），default 是默认项，包含基本的 babel+eslint 设置，适合快速创建一个新项目。Manually select features 表示手动配置，提供可供选择的 npm 包，更适合面向生产的项目，在实际工作中推荐使用这种方式。

```
Vue CLI v3.10.0
┌─────────────────────────────┐
│  Update available: 5.0.8   │
└─────────────────────────────┘
? Please pick a preset: (Use arrow keys)
> default (babel, eslint)
  Manually select features
```

（3）选择手动配置后，会出现如下选项：

```
Vue CLI v3.10.0
┌─────────────────────────────┐
│  Update available: 5.0.8   │
└─────────────────────────────┘
? Please pick a preset: Manually select features
? Check the features needed for your project: (Press <space> to select, <a> to toggle all, <i> to invert selection)
>(*) Babel
( ) TypeScript
( ) Progressive Web App (PWA) Support
( ) Router
( )Vuex
( ) CSS Pre-processors
 (*) Linter / Formatter
( ) Unit Testing
( ) E2E Testing
```

在上述的选项中根据提示信息可知，移动到对应的选项，按空格就可以选中或是取消此项。用户根据自己的需求进行选择，a 键全选，i 键反选。下面我们对这些选项进行详细的介绍，如表 7-1 所示。

表 7-1　配置项说明

选项名	说明
Babel	Babel 配置（Babel 是一种 JavaScript 语法的编译器）
TypeScript	一种编程语言
Progressive Web App (PWA) Support	渐进式 Web 应用支持
Router	vue-router
Vuex	Vue 状态管理模式
CSS Pre-processors	CSS 预处理器
Linter / Formatter	代码风格检查和格式化
Unit Testing	单元测试
E2E Testing	端到端（end-to-end）测试

（4）项目创建完成后，执行如下命令进入项目目录，启动项目：

```
$ cd vue-test
$ npm run serve
```

执行上述命令后，项目启动后，会默认启动一个本地服务，如下所示。

```
App running at:
  - Local:    http://localhost:8080/
  - Network: http://10.40.154.129:8080/
  Note that the development build is not optimized.
  To create a production build, run npm run build.
```

（5）在浏览器中打开 http://localhost:8080，页面效果如图 7-1 所示。

图 7-1　项目运行效果

任务五　GUI 创建项目

（1）Vue CLI 引入了图形用户界面（GUI）来创建和管理项目，功能十分强大，给初学者提供了便利，以便快速搭建一个 Vue 项目。进入项目存储目录中，通过命令创建名称为 vueGUI 文件夹：

```
mkdir vueGUI
```

（2）通过执行 cd vueGUI 命令进入项目目录中，执行如下命令来创建项目：

```
vue ui
```

上述命令执行后，会默认启动一个本地服务，代码如下：

```
Starting GUI...
Ready on http://localhost:8000
```

（3）在浏览器中打开 http://localhost:8000，页面效果如图 7-2 所示。

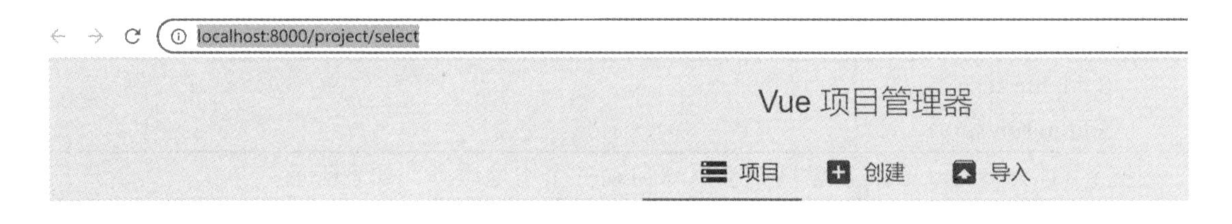

图 7-2　Vue 项目管理器

（4）图 7-2 所示的界面类似于一个控制台，以图形化的界面引导开发者进行项目的创建，并根据项目的需求选择配置。界面顶部有 3 个导航，表示的含义如下：

项目：项目列表，展示使用此工具生成过的项目。

创建：创建新的 Vue 项目。

导入：允许从目录或者远程 GitHub 仓库导入项目。

（5）图 7-2 屏幕底部的状态栏上，可以看到当前目录的路径，单击水滴状图标的按钮可以更改页面的主题（默认主题为白色）。

（6）单击顶部导航栏的“创建”选项，然后单击“在此创建项目”按钮，会进入一个创建新项目的页面，让用户填写项目名、选择包管理器、初始化 Git 仓库等，如图 7-3 所示。

（7）输入项目名“GUI-hello”，选择默认的包管理工具（见图 7-4），单击“下一步”按钮，进入“预设”选项卡，选择手动的创建模式，如图 7-5 所示。

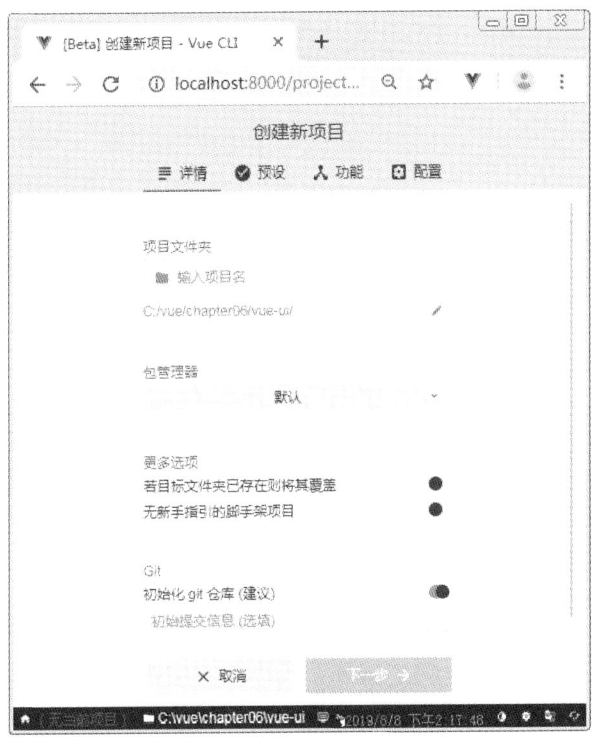

图 7-3　创建项目管理器

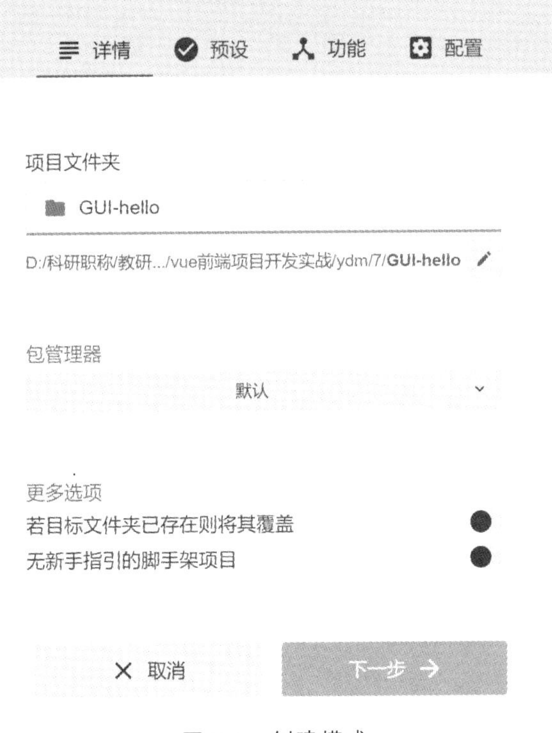

图 7-4　创建模式

图 7-5　创建模式

（8）在图 7-5 所示界面中选择“手动”选项，就会让用户选择需要使用的库和插件，如 Babel、Vuex、Router 等，按图 7-6 所示选择，再点击“创建项目”按钮完成创建。

图 7-6　常用插件和库选择

（9）接下来，根据项目需要选择好插件，单击“创建项目”按钮，弹出窗口，提示配置自定义预设名，以便在下次创建项目时直接使用已保存的这套配置，如图 7-7 所示。

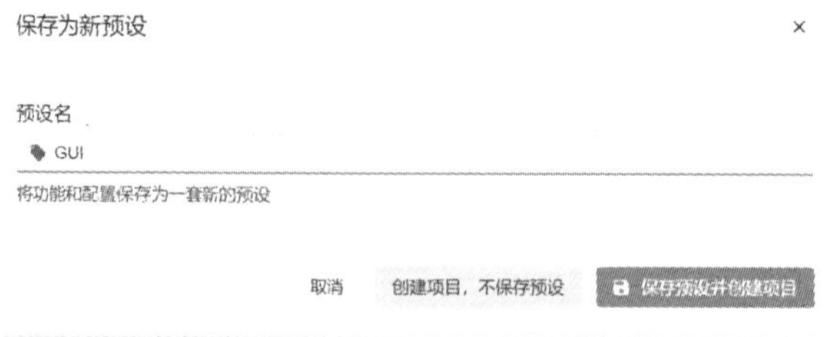

保存为新预设　×

预设名

GUI

将功能和配置保存为一套新的预设

取消　创建项目，不保存预设　保存预设并创建项目

图 7-7　保存预设

（10）项目创建完成后，就会进入到项目仪表盘页面，如图 7-8 所示。

图 7-8　项目仪表盘

（11）在菜单中单击“任务”，查看可以进行的任务，如图 7-9 所示。

图 7-9　查看任务

（12）在图 7-9 中点击 serve，进入后点击运行，可以启动项目，相当于执行 npm run serve 命令。启动项目后，在浏览器中访问 http://localhost:8080，效果如图 7-10 所示。

图 7-10　查看运行效果

模块二　插件和 preset

任务一　CLI 插件

Vue CLI 使用了一套基于插件的架构。如果查阅一个新创建项目的 package.json，就会发现依赖都是以@vue/cli-plugin-开头的。插件可以修改 webpack 的内部配置，也可以向 vue-cli-service 注入命令。在项目创建的过程中，绝大部分列出的特性都是通过插件来实现的。基于插件的架构使得 Vue CLI 灵活且可扩展。

以新创建项目的 package.json 文件为例，就会发现依赖都是以@vue/cli-plugin-、插件名称等来命名。package.json 示例代码如下：

```
"devDependencies": {
    "@vue/cli-plugin-babel": "^3.10.0",
    "@vue/cli-plugin-eslint": "^3.10.0",
    "@vue/cli-service": "^3.10.0",
    "babel-eslint": "^10.0.1",
    "eslint": "^5.16.0",
    "eslint-plugin-vue": "^5.0.0",
    "vue-template-compiler": "^2.6.10"
},
```

上述代码中，以“@vue/cli-plugin-”开头的表示内置插件。另外，使用 vue ui 命令也可以在 GUI 中进行插件的安装和管理。

CLI 插件可以预先设定好，使用脚手架进行项目创建时进行预设配置选择，假如项目创建时没有预选安装@vue/eslint 插件，可以通过 vue add 命令去安装。vue add 用来安装和调用 Vue CLI 插件，但是普通 npm 包还是要用 npm 来安装。

注意：对于 CLI 类型的插件，需要以@vue 为前缀。例如，@vue/eslint 解析为完整的包名是@vue/cli-plugin-eslint，然后用 npm 安装它并调用其生成器。该命令等价于 vue add @vue/cli-plugin-eslint。

任务二　安装插件

（1）每个 CLI 插件都会包含一个生成器（用来创建文件的）和一个运行时插件（用来调整 webpack 核心配置和注入命令的）。当使用 vue create 来创建一个新项目的时候，有些插件会根据选择的特性被预安装好。如果想在一个已经被创建好的项目中安装一个插件，可以使用 vue add 命令：

```
vue add vuex        // 安装 vuex 插件
```

注意：vue add 的设计意图是为了安装和调用 Vue CLI 插件，这不意味着替换掉普通的 npm 包。对于这些普通的 npm 包，用户仍然需要选用包管理器。

我们推荐在运行 vue add 之前将项目的最新状态提交，因为该命令可能调用插件的文件生成器并很有可能更改现有的文件。

（2）这个命令将 @vue/vuex 解析为完整的包名@vue/cli-plugin-vuex，然后用 npm 安装它并调用其生成器：

```
vue add cli-plugin-eslint          # 这个和之前的用法等价
```

（3）如果不带@vue 前缀，该命令会换作解析一个 unscoped 的包。例如，以下命令会安装第三方插件 vue-cli-plugin-vuetify：

```
# 安装并调用 vue-cli-plugin-vuetify
vue add vuetify
```

（4）执行上述命令之后，程序会提示安装选项，使用默认值即可。安装完成后，会在 src 目录里创建一个 plugins 目录，里面会自动生成关于插件的配置文件。

打开 plugins\vuetify.js 文件，查看代码文件：

```
mport Vue from 'vue';
import Vuetify from 'vuetify/lib';
Vue.use(Vuetify);
export default new Vuetify({
  icons: {
    iconfont: 'mdi',
  },
});
```

（5）用户也可以基于一个指定的 scope 使用第三方插件。例如，如果一个插件名为 @foo/vue-cli-plugin-bar，可以这样添加它：

```
vue add @foo/bar
```

（6）用户可以向被安装的插件传递生成器选项（这样做会跳过命令提示）：

```
vue add eslint --config airbnb --lintOn save
```

如果一个插件已经被安装，可以使用 vue invoke 命令跳过安装过程，只调用它的生成器。这个命令会接收与 vue add 相同的参数。

（7）如果出于一些原因将插件列在了该项目之外的其他 package.json 文件里，可以在项目的 package.json 里设置 vuePlugins.resolveFrom 选项指向包含其他 package.json 的文件夹，即在.config/package.json 文件里修改如下：

```
{
  "vuePlugins": {
    "resolveFrom": ".config"
  }}
```

任务三　项目本地的插件

如果需要在项目里直接访问插件 API 而不需要创建一个完整的插件，可以在 package.json

文件中使用 vuePlugins.service 选项：

```
{
  "vuePlugins": {
    "service": ["my-commands.js"]
  }
}
```

每个文件都需要暴露一个函数，接受插件 API 作为第一个参数。

你也可以通过 vuePlugins.ui 选项添加像 UI 插件一样工作的文件，具体代码如下：

```
{
  "vuePlugins": {
    "ui": ["my-ui.js"]
  }
}
```

任务四　preset

Vue CLI preset 是一个包含创建新项目所需预定义选项和插件的 JSON 对象，让用户无须在命令提示中选择它们。

在 vue create 过程中保存的 preset 会被放在 home 目录下的一个配置文件中（~/.vuerc)。用户可以通过直接编辑这个文件来调整、添加、删除保存好的 preset。

（1）下面有一个 preset 的案例，具体代码如下：

```
{
  "useConfigFiles": false,
  "cssPreprocessor": "less",
  "plugins": {
    "@vue/cli-plugin-babel": {},
    "@vue/cli-plugin-eslint": {
      "config": "airbnb",
      "lintOn": ["save", "commit"]
    },
    "@vue/cli-plugin-router": {},
    "@vue/cli-plugin-vuex": {}
  }
}
```

（2）Preset 的数据会被插件生成器用来生成相应的项目文件。除了上述这些字段，你也可以为集成工具添加配置，添加后的代码如下：

```
{
  "useConfigFiles": false,
```

```
    "plugins": {...},
    "configs": {
      "vue": {...},
      "postcss": {...},
      "eslintConfig": {...},
      "jest": {...}
    }
  }
```

上述这些额外的配置将会根据 useConfigFiles 的值被合并到 package.json 或相应的配置文件中。例如，当"useConfigFiles": true 的时候，configs 的值将会被合并到 vue.config.js 中。

任务五　Preset 插件的版本管理

一、版本控制

用户可以显式地指定用到的插件的版本，以方便管理和升级。例如，指定了 eslint 的版本为 3.0.0，具体代码如下：

```
{
  "plugins": {
    "@vue/cli-plugin-eslint": {
      "version": "^3.0.0",
      // ... 该插件的其他选项
    }
  }
}
```

注意：对于官方插件来说这不是必须的，当被忽略时，CLI 会自动使用 registry 中最新的版本。不过推荐为 preset 列出的所有第三方插件提供显式的版本范围。

二、允许插件的命令提示

每个插件在项目创建的过程中都可以注入其自己的命令提示，不过当使用了一个 preset，这些命令提示就会被跳过，因为 Vue CLI 假设所有的插件选项都已经在 preset 中声明过了。

在有些情况下可能希望 preset 只声明需要的插件，同时让用户通过插件注入命令的提示方式来保留一些灵活性。

对于这种场景用户可以在插件选项中指定 "prompts": true 来允许注入命令提示，具体代码如下：

```
{
  "plugins": {
    "@vue/cli-plugin-eslint": {
      // 让用户选取他们自己的 ESLint config
```

```
        "prompts": true
    }
  }}
```

三、远程 preset

用户可以通过发布 git repo 将一个 preset 分享给其他开发者。这个 repo 应该包含以下文件：

preset.json：包含 preset 数据的主要文件（必需）。

generator.js：一个可以注入或是修改项目中文件的 Generator。

prompts.js：一个可以通过命令行对话为 generator 收集选项的 prompts 文件。

发布 repo 后就可以在创建项目的时候通过--preset 选项使用这个远程的 preset 了：

```
# 从 GitHub repo 使用 preset
vue create --preset username/repo my-project
```

注意：GitLab 和 BitBucket 也是支持的。如果要从私有 repo 获取，请确保使用--clone 选项，具体设置如下：

```
vue create --preset gitlab:username/repo --clone my-project
vue create --preset bitbucket:username/repo --clone my-project
# 私有服务器
vue create --preset gitlab:my-gitlab-server.com:group/projectname --clone my-project
vue create --preset direct:ssh://git@my-gitlab-server.com/group/projectname.git --clone my-project
```

四、加载文件系统中的 preset

当开发一个远程 preset 的时候，用户必须不断地向远程 repo 发出 push 进行反复测试。为了简化这个流程，用户也可以直接在本地测试 preset。如果--preset 选项的值是一个相对或绝对文件路径，或是以.json 结尾，则 VueCLI 会加载本地的 preset，具体设置如下：

```
# ./my-preset 应当是一个包含 preset.json 的文件夹
vue create --preset ./my-preset my-project
# 或者，直接使用当前工作目录下的 json 文件：
vue create --preset my-preset.json my-project
```

模块三　CLI 服务

任务一　使用命令

在一个 VueCLI 项目中，@vue/cli-service 安装了一个名为 vue-cli-service 的命令。用户可以在 npmscripts 中以 vue-cli-service 或者从终端中以./node_modules/.bin/vue-cli-service 访问这个命令。

（1）这是使用默认 preset 的项目的 package.json，在这个文件中的 script 字段里面可以看到如下代码：

```
{
  "scripts": {
  "serve": "vue-cli-service serve",
  "build": "vue-cli-service build",
  "lint": "vue-cli-service lint"
  }
}
```

上述代码中，scripts 中包含了 serve、build 和 lint，当执行 npm run serve 时，实际执行的就是 vue-cli-serviceserve 命令。

（2）用户可以通过 npm 或 Yarn 调用这些 script：

```
npm run serve
#或者是
yarn serve
```

（3）如果可以使用 npx（最新版的 npm 应该已经自带），也可以直接这样调用命令，具体命令如下：

```
npx vue-cli-service serve
```

（4）运行上述命令 vue-cli-service 后，程序会在控制台中输出可用选项的帮助说明，代码如下：

```
Usage: vue-cli-service <command> [options]
Commands:
  serve      start development server          启动服务
  build      build for production              生成用于生产环境的包
  inspect    inspect internal webpack config   审查 webpack 配置
  lint       lint and fix source files         lint 并修复源文件
```

（5）执行 vue-cli-service serve 命令会启动一个开发服务器（基于 webpack-dev-server）并附带开箱即用的模块热重载（Hot-Module-Replacement）。

除了通过命令行参数，也可以使用 vue.config.js 里的 devServer 字段配置开发服务器。

命令行参数[entry]将被指定为唯一入口（默认值为 src/main.js，TypeScript 项目则为 src/main.ts），而非额外的追加入口。尝试使用[entry]覆盖 config.pages 中的 entry 将可能引发错误。

vue-cli-service serve 命令的用法及包含的选项如下：

用法：vue-cli-service serve [options] [entry]

选项：

--open：在服务器启动时打开浏览器；

--copy：在服务器启动时将 URL 复制到剪切板；

--mode：指定环境模式（默认值：development）；

--host：指定 host（默认值：0.0.0.0）；

--port：指定 port（默认值：8080）；

--https：使用 https（默认值：false）。

（6）vue-cli-service build 会在 dist/目录产生一个可用于生产环境的包，带有 JS/CSS/HTML 的压缩和为更好地缓存而做的自动的 vendor chunk splitting。它的 chunk manifest 会内联在 HTML 里。

这里还有一些有用的命令参数：

--modern：使用现代模式构建应用，为现代浏览器交付原生支持的 ES2015 代码，并生成一个兼容老浏览器的包用来自动回退。

--target：允许用户将项目中的任何组件以一个库或 Web Components 组件的方式进行构建。更多细节请查阅构建目标。

--report 和--report-json：会根据构建统计生成报告，它会帮助用户分析包中包含的模块们的大小。

vue-cli-service build 命令的用法及包含的选项如下：

```
用法：vue-cli-service build [options] [entry|pattern]
选项：
  --mode：指定环境模式 (默认值：production);
  --dest：指定输出目录 (默认值：dist);
  --modern：面向现代浏览器带自动回退地构建应用;
  --target：app | lib | wc | wc-async (默认值：app);
  --name：库或 Web Components 模式下的名字 (默认值：package.json 中的 "name"
字段或入口文件名);
  --no-clean：在构建项目之前不清除目标目录的内容;
  --report：生成 report.html 以帮助分析包内容;
  --report-json：生成 report.json 以帮助分析包内容;
  --watch：监听文件变化。
```

（7）可以使用 vue-cli-service inspect 来审查一个 Vue CLI 项目的 webpack config。更多细节请查阅审查 webpack config。

vue-cli-service inspect 命令的用法及包含的选项如下：

```
用法：vue-cli-service inspect [options] [...paths]
选项：
  --mode：指定环境模式 (默认值：development)。
```

（8）查看所有的可用命令。

有些 CLI 插件会向 vue-cli-service 注入额外的命令。例如，@vue/cli-plugin-eslint 会注入 vue-cli-service lint 命令。可以运行以下命令查看所有注入的命令：

```
npx vue-cli-service help
```

也可以这样学习每个命令可用的选项：

```
npx vue-cli-service help [command]
```

（9）缓存和并行处理。

cache-loader 会默认为 Vue/Babel/TypeScript 编译开启，文件会缓存在 node_modules/.cache 中。如果遇到了编译方面的问题，应先删掉缓存目录之后再试试看。

thread-loader 会在多核 CPU 的机器上为 Babel/TypeScript 转译开启。

模块四　模式和环境变量

任务一　模　式

模式是 Vue CLI 项目中一个重要的概念。默认情况下，一个 Vue CLI 项目有三个模式：

test 模式用于 vue-cli-service test:unit 使用；

development 模式用于 vue-cli-service serve，即开发环境使用；

production 模式用于 vue-cli-service build 和 vue-cli-service test:e2e，即正式环境使用。

用户可以通过传递--mode 选项参数为命令行覆写默认的模式。例如，想要在构建命令中使用开发环境，下面我们能过一个案例来演示如何配置一个自定义的模式。

（1）打开 package.json 文件，找到 scripts 部分，通过修改 vue-cli-service build 的“--mode”选项来修改模式。

```
vue-cli-service build --mode development
```

（2）接着在项目根目录下创建.env.stage 文件，具体代码如下：

```
// Node.js 运行为生产环境，可以用 process.env.NODE_ENV 获取这个值
NODE_ENV='production‘
// 项目变量
VUE_APP_CURRENTMODE='stage'
// 打包之后的文件保存目录
outputDir='stage'
```

（3）然后在项目中找 vue.config.js 配置文件使用环境变量，指定输出目录为环境变量配置的 stage 目录，示例代码如下：

```
module.exports = {
  outputDir: process.env.outputDir, // 用于获取环境变量中的 outputDir 的值
}
```

（4）完成上面内容后保存代码，执行 npm run stage 命令，就可以看到在项目根目录下生成了 stage 目录，如图 7-11 所示。

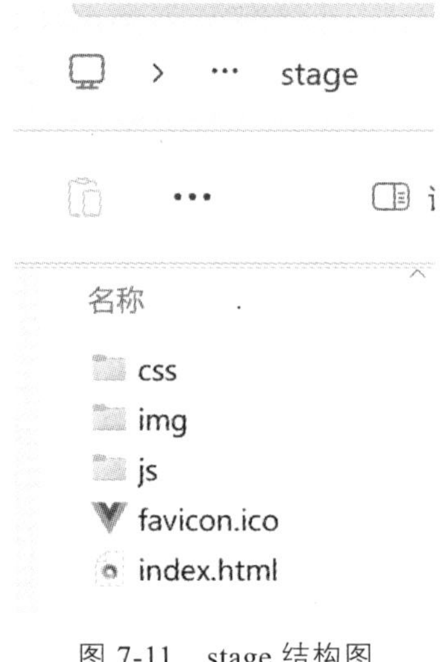

图 7-11　stage 结构图

说明：

当运行 vue-cli-service 命令时，所有的环境变量都从对应的环境文件中载入。如果文件内部不包含 NODE_ENV 变量，它的值将取决于模式，如在 production 模式下被设置为"production"，在 test 模式下被设置为"test"，默认则是"development"。

NODE_ENV 将决定应用的运行模式，是开发、生产还是测试，因此也决定了创建哪种 webpack 配置。

可以通过将 NODE_ENV 设置为"test"，Vue CLI 会创建一个优化过后的并且旨在用于单元测试的 webpack 配置，它并不会处理图片以及一些对单元测试非必需的其他资源。

同理，NODE_ENV=development 用来创建一个 webpack 配置，该配置启用热更新，不会对资源进行 hash 也不会打包 vendor bundles，目的是在开发的时候能够快速重新构建。

当运行 vue-cli-service build 命令时，无论要部署到哪个环境，应该始终把 NODE_ENV 设置为 "production" 来获取可用于部署的应用程序。

如果在环境中有默认的 NODE_ENV，用户应该移除或在运行 vue-cli-service 命令的时候明确地进行设置。

任务二　环境变量

对于项目开发来说，一般都会经历本地开发、代码测试、开发自测、测试环境、预上线环境，最后才能发布线上正式版本。在整个过程中，每个环境可能都会有所差异，如服务器地址、接口地址等，在各个环境之间切换时，需要不同的配置参数。所以为了方便管理，在 Vue CLI 中可以为不同的环境配置不同的环境变量。

（1）用 Vue CLI 3 创建的项目中，移除了 config 和 build 这两个配置文件，用户可以在项目根目录中放置了 4 个文件指定环境变量，具体功能如下：

.env.[mode]：只在指定的模式下被载入，如.env.development 用来进行开发环境的配置。

.env.[mode].local：只在指定的模式下被载入，与.env.[mode]的区别是，只会在本地生效，会被 git 忽略。

.env：将在所有的环境中被载入。

.env.local：将在所有的环境中被载入，只会在本地生效，会被 git 忽略。

（2）一个环境文件只包含环境变量的“键=值”对，下面通过一个案例来演示如何在环境变量文件中编写配置，具体代码如下：

```
FOO=" bast"
VUE_APP_NOT_SECRET_CODE=some_value
VUE_APP_SECRET='secret'
VUE_APP_URL=Urldz
```

上述代码中，设置好了 4 个环境变量，接下来就可以在项目中使用了。需要注意的是，在不同的地方使用，限制也不同：

① 在 src 目录的代码中使用环境变量时，需要以 VUE_APP_开头，例如，在 main.js 中控制台输出 console.log(process.env.VUE_APP_URL)；结果为 urlApp。

② 在 webpack 配置中使用，可以直接通过 process.env.名字来使用。

注意：

① 不要在应用程序中存储任何机密信息（例如私有 API 密钥）。

② 环境变量会随着构建打包嵌入到输出代码，意味着任何人都有机会能够看到它。

（3）环境文件加载优先级。

为一个特定模式准备的环境文件（如.env.production）将会比一般的环境文件（如.env）拥有更高的优先级。

此外，Vue CLI 启动时已经存在的环境变量拥有最高优先级，并不会被.env 文件覆写。

.env 环境文件是通过运行 vue-cli-service 命令载入的，因此环境文件发生变化时，用户需要重启服务。

（4）只在本地有效的变量。

有的时候用户可能有一些不应该提交到代码仓库中的变量，尤其是当项目托管在公共仓库时。这种情况下应该使用一个 .env.local 文件取而代之。本地环境文件默认会被忽略且出现在.gitignore 中。

.local 也可以加在指定模式的环境文件上，比如.env.development.local 将会在 development 模式下被载入，且被 git 忽略。

模块五　HTML 和静态资源

任务一　HTML

一、Index 文件

public/index.html 中的文件是一个会被 html-webpack-plugin 处理的模板。在构建过程中，资源链接会被自动注入。另外，Vue CLI 也会自动注入 resource hint (preload/prefetch、manifest)

和图标链接（当用到 PWA 插件时）以及构建过程中处理的 JavaScript 和 CSS 文件的资源链接。

二、插值

因为 index 文件被用作模板，所以可以使用 lodash template 语法插入内容：

<%= VALUE %> 用来做不转义插值；

<%- VALUE %> 用来做 HTML 转义插值；

<% expression %> 用来描述 JavaScript 流程控制。

除了被 html-webpack-plugin 暴露的默认值之外，所有客户端环境变量也可以直接使用，比如 BASE_URL 的用法：

```
<link rel="icon" href="<%= BASE_URL %>favicon.ico">
```

三、Preload

在 Vue 项目中处理静态资源的 Preload，主要是为了提高页面加载性能，确保关键资源（如关键脚本、样式表、字体文件等）能够尽快被浏览器加载和解析。Preload 是一种资源提示（resource hint），它告诉浏览器在页面加载的初期就开始下载某些资源，即使这些资源当前还未被用到。

在 Vue 项目中可以通过以下几种方式来实现静态资源的 Preload：

（一）使用 HTML 的<link rel="preload">

在 Vue 项目的 public/index.html 文件中，你可以直接添加 <link rel="preload"> 标签来指定需要预加载的资源。例如：

```
html
<head>
<!--其他 head 标签 -->
<link rel="preload" href="/path/to/your/critical-script.js" as="script">
<link rel="preload" href="/path/to/your/critical-style.css" as="style">
<!--其他 preload 标签 -->
</head>
```

注意，as 属性是必须的，它告诉浏览器预加载资源的类型（如 script、style、font 等），以便浏览器能够正确地处理这些资源。

（二）使用 Vue CLI 的 webpack 配置

如果使用的是 Vue CLI 创建的项目，并且想要更灵活地控制哪些资源被预加载，你可以通过修改 webpack 的配置来实现。Vue CLI 允许通过 vue.config.js 文件来自定义 webpack 配置。

然而，Vue CLI 并没有直接提供预加载静态资源的配置选项，但可以通过插件（如 preload-webpack-plugin）或自定义 loader 来实现。不过，对于大多数 Vue 应用来说，直接在 index.html 中使用 <link rel="preload">标签可能就足够了。

（三）使用 Vue 组件的 mounted 钩子

虽然这不是真正的 Preload（因为资源是在组件挂载后才请求的），但你可以在 Vue 组件的 mounted 钩子中动态地加载非关键资源。这通常用于懒加载组件或资源，以减少初始加载时间。

（四）使用 HTTP/2 Server Push

如果服务器支持 HTTP/2，你可以使用 Server Push 功能来推送资源到客户端，这类似于 Preload，但更加高效，因为推送是由服务器控制的，不需要客户端发送请求。然而，这需要你的服务器和客户端都支持 HTTP/2，并且需要配置服务器来推送正确的资源。

对于大多数 Vue 项目来说，直接在 index.html 文件中使用<link rel="preload">标签来预加载关键资源是最简单且有效的方法。如果你需要更复杂的控制，可能需要考虑使用 webpack 插件或自定义 loader，但这通常会增加项目的复杂性。在决定使用哪种方法之前，请确保已了解每种方法的优缺点，并根据项目需求进行选择。

四、Prefetch

<link rel="prefetch">是一种 resource hint（低优先级的资源提示），用来告诉浏览器在页面加载完成后，利用空闲时间提前获取用户未来可能会访问的内容。

默认情况下一个 Vue CLI 创建的 Vue 应用不会为所有作为静态资源（如图片、字体、视频等）的文件自动进行特定的优化或预加载/预获取处理，它只关注于应用逻辑，并会自动生成相应提示。

这些提示会被@vue/preload-webpack-plugin 注入，并且可以通过 chainwebpack 的 config.plugin('prefetch') 进行修改和删除。

下面通过一个案例进行演示，具体代码如下：

```
// vue.config.js
module.exports = {
  chainWebpack: config => {
    // 移除 prefetch 插件
    config.plugins.delete('prefetch')
    // 或者
    // 修改它的选项：
    config.plugin('prefetch').tap(options => {
      options[0].fileBlacklist = options[0].fileBlacklist || []
      options[0].fileBlacklist.push(/myasyncRoute(.)+?\.js$/)
      return options
    })
  }
}
```

如果在使用过程中 prefetch 插件被禁用，可以通过 webpack 的内联注释手动选定要提前获取的代码区块：

```
import(/* webpackPrefetch: true */ './someAsyncComponent.vue')
```

webpack 的运行时会在父级区块被加载之后注入 prefetch 链接。

注意：prefetch 链接将会消耗带宽。如果应用很大且有很多 async chunk，而用户主要使用的是对带宽较敏感的移动端，那么可能需要关掉 prefetch 链接并手动选择要提前获取的代码区块。

五、不生成 index

当基于已有的后端使用 Vue CLI 时，用户可能不需要生成 index.html，这样生成的资源可以用于一个服务端渲染的页面。这时可以向 vue.config.js 加入下列代码，具体如下：

```
// vue.config.js
module.exports = {
  // 去掉文件名中的 hash
  filenameHashing: false,
  // 删除 HTML 相关的 webpack 插件
  chainWebpack: config => {
    config.plugins.delete('html')
    config.plugins.delete('preload')
    config.plugins.delete('prefetch')
  }
}
```

然而这样做并不是很推荐，因为：

（1）硬编码的文件名不利于实现高效率的缓存控制。

（2）硬编码的文件名也无法很好地进行 code-splitting（代码分段），因为无法用变化的文件名生成额外的 JavaScript 文件。

（3）硬编码的文件名无法在现代模式下工作。

用户应该考虑换用 indexPath 选项将生成的 HTML 用作一个服务端框架的视图模板。

六、构建一个多页应用

不是每个应用都是一个单页应用。Vue CLI 支持使用 vue.config.js 中的 pages 选项构建一个多页面的应用。构建好的应用将会在不同的入口之间高效共享通用的 chunk 以获得最佳的加载性能。

任务二　处理静态资源

在前面 的 Vue CLI 2.x 中，webpack 默认存放静态资源的目录是 static 目录，不会经过 webpack 的编译与压缩，在打包时会直接复制一份到 dist 目录。而 Vue CLI 3.x 提供了 public 目录来代替 static 目录，对于静态资源的处理有如下两种方式：

经过 webpack 处理：针对在 JavaScript 被导入或在 template/CSS 中通过相对路径被引用的资源不经过 webpack 处理：针对存放在 public 目录下或通过绝对路径引用的资源，这类资源将会直接被复制一份，不做编译和压缩的处理。

静态资源的处理不仅和 public 目录有关，还和引入方式有关。根据引入路径的不同，有如下处理规则：

（1）如果 URL 是绝对路径，如/images/logo.png，则保持不变。

（2）如果 URL 以.前缀开头，会被认为是相对模块请求，则根据文档目录结构进行解析。

（3）如果 URL 以 ~ 前缀开头，其后的任何内容会被认为是模块请求，表示可以引用 node_modules 里的资源，如<img src=" ~ some-npm-package/foo.png">。

（4）如果 URL 以@开头，会被认为是模块请求，因为 Vue CLI 的默认别名@表示“<projectRoot>/src”（仅作用于模板中）。

下面我们通过相对和绝对路径的两种情况进行案例演示和讲解。

一、从相对路径导入

当在 JavaScript、CSS 或*.vue 文件中使用相对路径（必须以.开头）引用一个静态资源时，该资源将会被包含进入 webpack 的依赖图中。在其编译过程中，所有诸如 <img src="...">、background: url(...) 和 CSS @import 的资源 URL 都会被解析为一个模块依赖。

如 url"./image.png" 会被翻译为 require('./image.png')，具体代码如下 ：

```
<img src="./image.jpg">
```

将会被编译到：

```
h('img', { attrs: { src: require('./image.jpg') }})
```

在其内部，我们通过 webpack 的 Assets Modules 配置，用版本哈希值和正确的公共基础路径来决定最终的文件路径，并将小于 8 KB 的资源内联，以减少 HTTP 请求的数量。

用户可以通过 chainWebpack 调整内联文件的大小限制。例如，下列代码会将内联图片资源限制设置为 5 KB ，具体代码如下：

```
// vue.config.js
module.exports = {
  chainWebpack: config => {
    config.module
      .rule('images')
        .set('parser', {
          dataUrlCondition: {
            maxSize: 5 * 1024 // 4 KB
          }
        })
  }
}
```

二、URL 转换规则

（1）如果 URL 是一个绝对路径（例如 /images/foo.png），则保留不变。

（2）如果 URL 以. 开头，它会作为一个相对模块请求被解释且基于文件系统中的目录结构进行解析。

（3）如果 URL 以 ~ 开头，其后的任何内容都会作为一个模块请求被解析。这意味着甚至可以引用 Node 模块中的资源：

```
<img src=" ~ some-npm-package/big.jpg">
```

（4）如果 URL 以@开头，它也会作为一个模块请求被解析。它的用处在于 Vue CLI 默认会设置一个指向 <projectRoot>/src 的别名 @(仅作用于模板中)。

三、public 文件夹

任何放置在 public 文件夹的静态资源都会被简单的复制，而不经过 webpack。用户需要通过绝对路径来引用它们。

注意：推荐将资源作为模块依赖图的一部分导入，这样它们会通过 webpack 的处理并获得如下好处：

（1）脚本和样式表会被压缩且打包在一起，从而避免额外的网络请求。

（2）文件丢失会直接在编译时报错，而不是到了用户端才产生错误。

（3）最终生成的文件名包含了内容哈希，因此不必担心浏览器会缓存旧版本。

（4）public 目录提供的是一个应急手段，当通过绝对路径引用它时，应留意应用的部署位置。如果应用没有部署在域名的根部，那么需要为 URL 配置 publicPath 前缀。

（5）在 public/index.html 或其他通过 html-webpack-plugin 用作模板的 HTML 文件中，需要通过<%= BASE_URL %>设置链接前缀：

```
<link rel="icon" href="<%= BASE_URL %>favicon.ico">
```

在模板中，首先需要向组件传入基础 URL：

```
data () {
  return {
    publicPath: process.env.BASE_URL
  }
}
```

然后通过下面的方式在需要输出图片的地方进行输出：

```
<img :src="`${publicPath}my-image.png`">
```

四、何时使用 public 文件夹

（1）需要在构建输出中指定一个文件的名字。

（2）有上千个图片，需要动态引用它们的路径。

（3）有些库可能和 webpack 不兼容，这时除了将其用一个独立的<script>标签引入外没有别的选择。

小　结

本章主要讲解了 Vue CLI 脚手架工具的安装与基本使用，在现有项目中添加 CLI 插件、第三方插件和 preset，在项目本地安装与使用插件，CLI 服务，模式和环境变更及项目配置文

件 vue.config.js 怎么进行全局配置，以及 HTML 和静态资源的处理方式。

习　题

一、填空题

1. 对于 CLI 类型的插件，需要以_____为前缀。
2. 使用 npm 包通过________命令全局安装@vue/cli 3.x。
3. 使用_________来查看 vue 的版本号。
4. 使用 yarn 包通过________________命令全局安装@vue/cli 3.x。
5. 在 Vue CLI 3 中使用________命令来创建一个 Vue 项目。

二、判断题

1. 卸载 vue-cli 的命令是 npm uninstall vue-cli -g。（　　）
2. 添加 CLI 插件的命令是 vue add vue-eslint。（　　）
3. 插件不能修改 webpack 的内部配置，但是可以向 vue-cli-service 注入命令。（　　）
4. Vue CLI 通过 vue ui 命令来创建图形用户界面。（　　）
5. 在文件中用“key=value”（键值对）的方式来设置环境变量。（　　）

三、选择题

1. 下列选项中说法正确的是（　　）。
   A. 新版的 Vue CLI 的包名称为 vue-cli
   B. 执行 npm uninstall vue-cli -g 命令可以全局删除 vue-cli 包
   C. 使用 yarn install add @vue/cli 命令可以全局安装@vue/cli 工具
   D. 通过 vue add ui 命令来创建图形用户界面
2. 关于 CLI 服务，下列选项说法错误的是（　　）。
   A. 在@vue/cli-service 中安装了一个名为 vue-cli-service 的命令
   B. vue.config.js 是一个可选的配置文件
   C. 通过 npx vue-cli-service helps 查看所有的可用命令
   D. 通过 vue ui 使用 GUI 图形用户界面来运行更多的特性脚本
3. 下列选项中说法正确的是（　　）。
   A. 使用相对路径引入的静态资源文件，会被 webpack 处理解析为模块依赖
   B. 放在 public 文件夹下的资源将会经过 webpack 的处理
   C. 通过绝对路径被引用的资源将会经过 webpack 的处理
   D. URL 以 ~ 开始，会被认为是模块请求

四、简答题

1. 简述如何安装 Vue CLI 3.x 版本的脚手架。
2. 简述如何在现有项目中安装 CLI 插件和第三方插件。
3. 简单介绍 CLI 服务 vue-cli-service <command>中的 command 命令包括的内容。

五、编程题

1. 简单描述 Vue CLI 3 安装的过程。
2. 简单描述使用 Vue CLI 3 创建项目的步骤。

参考文献

[1] 豆连军.Vue.js 前端开发技术. 2 版. 北京：人民邮电出版社，2019.

[2] 黑马程序员. Vue.js 前端开发实战[M]. 北京：人民邮电出版社，2020.

[3] 明日科技.Vue.js 前端开发实战（慕课版）[M]. 北京：人民邮电出版社，2020.

[4] 温谦.Vue.js Web 开发案例教程[M]. 北京：人民邮电出版社，2022.

[5] 黑马程序员. Vue.js 前端开发实战. 2 版[M]. 北京：人民邮电出版社，2023.